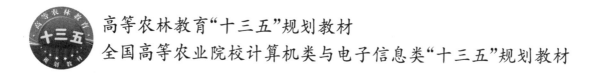

高等农林教育"十三五"规划教材

全国高等农业院校计算机类与电子信息类"十三五"规划教材

大学信息技术基础
实验指导与测试

张　垒　冯大春　主　编

胡海艳　鄢　琼　副主编

U0219144

中国农业大学出版社

·北京·

内 容 简 介

本书是与冯大春主编《大学信息技术基础》配套使用的、用于计算机基础实践操作学习及练习的教材,系统且详细介绍了 Windows 7 操作系统、Office 2010 常用办公软件(Word 2010、Excel 2010、PowerPoint 2010)、Internet 使用、Access 数据库技术等常用计算机基础知识操作方法及操作技巧。全书内容分为两部分。第一部分共有 21 个实验;第二部分配合各章节基础原理及操作技能编写了测试题及解答,以进一步加深读者对相关知识及技能的理解。

本书内容丰富,实用性强,力求提高学生计算机基础实践、应用能力及教师教学实效。适用于高校计算机基础第一门课程的教学与实践,也可以单独作为计算机基础操作及技能的辅导书使用。

图书在版编目(CIP)数据

大学信息技术基础实验指导与测试/张垒,冯大春主编.—北京:中国农业大学出版社,2019.2(2021.8 重印)

ISBN 978-7-5655-2179-9

Ⅰ.①大… Ⅱ.①张… ②冯… Ⅲ.①电子计算机-高等学校-教学参考资料 Ⅳ.①TP3

中国版本图书馆 CIP 数据核字(2019)第 041677 号

书　　名	大学信息技术基础实验指导与测试		
作　　者	张 垒 冯大春 主编		
策划编辑	司建新	责任编辑	林孝栋
封面设计	郑 川		
出版发行	中国农业大学出版社		
社　　址	北京市海淀区学清路甲 38 号	邮政编码	100083
电　　话	发行部 010-62733489,1190	读者服务部	010-62732336
	编辑部 010-62732617,2618	出 版 部	010-62733440
网　　址	http://press.cau.edu.cn	E-mail	cbsszs @ cau.edu.cn
经　　销	新华书店		
印　　刷	北京时代华都印刷有限公司		
版　　次	2019 年 5 月第 1 版　2021 年 8 月第 3 次印刷		
规　　格	787×1 092　16 开本　14.75 印张　365 千字		
定　　价	43.00 元		

图书如有质量问题本社发行部负责调换

编写人员

主　编　张　垒　冯大春

副主编　胡海艳　鄢　琼

参　编　（排名不分先后顺序）

黄洪波　梁　瑜　曹　亮　刘　松

张　红　邹　娟　李　晟　陈　勇

郭世仁　杜淑琴　孙永新　张晓云

主　审　刘双印　石玉强

前　言

　　本书是根据新时期应用型本科计算机应用能力的要求,由具有丰富教学经验的一线教师结合多年教学经验,并配合《大学信息技术基础》一书使用而编写的。在内容设计上,力求系统讲述常用计算机基础知识和软件的主要功能、操作方法及操作技巧,以使得学生在基础应用软件使用能力上得到系统的训练和提升。

　　该书包括两个部分:第一部分安排了 21 个实验,在软件系统讲述基础上,配有任务练习及操作提示,内容涵盖了 Windows 7 操作系统、常用办公软件(Word 2010、Excel 2010、Power-Point 2010)、Internet 使用、Access 数据库技术。第二部分配合各章节基础原理及操作技能编写了测试题及解答,可作为学生课后练习,加深对有关概念和知识的理解与掌握,巩固所学知识。

　　本书在共同讨论的基础上,第一章由冯大春编写,第二章由胡海艳编写,第三章由鄢琼、刘松编写,第四章由冯大春、黄洪波编写,第五章由张垒编写,第六章由冯大春编写,测试题由上述人员及梁瑜、曹亮、张红、邹娟、李晟、陈勇、郭世仁、杜淑琴、孙永新、张晓云参与编写。全书由张垒、冯大春统一编排定稿。本教材是全体编写人员的共同结晶。

　　由于编者水平有限,加之时间紧,书中错误和不足之处在所难免,敬请读者提出宝贵意见,我们将虚心接受并尽快改正。我们的 E-mail 联系方式:fdchcumt@sina.com。

编　者

2018 年 11 月

目　　录

第一部分　基础实验篇

第一章　操作系统基础实验

实验一　Windows 7 的基本使用

一、实验目的

1. 掌握开始菜单和任务栏的基本操作;
2. 掌握窗口、菜单基本操作;
3. 掌握桌面主题的设置;
4. 掌握任务栏的使用和设置及任务切换功能;
5. 掌握"开始"菜单的组织。

二、实验内容及步骤

1. 桌面设置

(1)设置桌面主题

选择桌面主题为"Aero 主题"的"自然",观察桌面主题的变化。

右击桌面空白处,选择"个性化",然后选定"Aero 主题"的"自然",单击"保存主题",保存该主题为"我的自然主题",如图 1.1 所示。

(2)设置桌面背景

用鼠标点击如图 1.1 中的"桌面背景",设置桌面背景图为"自然",并选择多个图片以设置为幻灯片放映,时间间隔为 10 分钟,无序放映,如图 1.2 所示。

(3)设置屏幕保护程序

设置屏幕保护程序为"彩带",屏幕保护等待时间为 4 分钟。

①用鼠标点击如图 1.1 中的"屏幕保护程序",出现屏幕保护程序设置窗口,如图 1.3 所示,在"屏幕保护程序"下拉框中选择"彩带",在"等待"下拉框中输入"4 分钟";

②如果需要更进一步设置,可单击"设置"按钮;

③如果要为屏幕保护设置密码,在如图 1.3 所示窗口中的"在恢复时显示登录屏幕"复选框中打"√"。

(4)更改屏幕分辨率

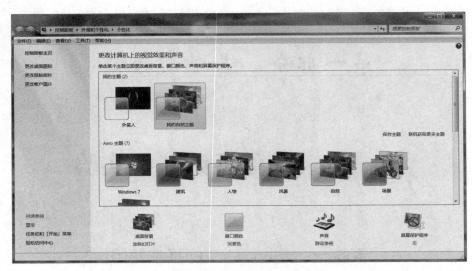

图 1.1　个性化设置窗口

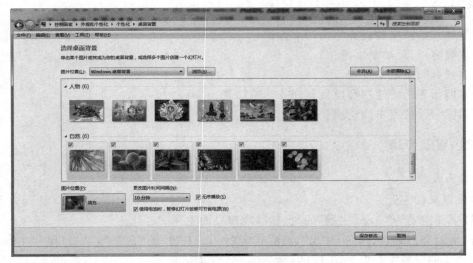

图 1.2　桌面背景设置窗口

　　在桌面空白处单击鼠标右键,在快捷菜单中选择"屏幕分辨率",在如图 1.4 所示窗口中,展开"屏幕分辨率"栏中的下拉条,拖动设置屏幕分辨率为需要的分辨率(例如:1280×720),然后单击"确定"或"应用"按钮即可。

　　(5)桌面图标设置

　　在图 1.1"个性化"设置窗口中选择左边"更改桌面图标",出现如图 1.5 所示对话框,在需要桌面显示的图标前面打"√",然后单击"确定"或"应用"按钮即可。

　　(6)排列桌面图标

　　用鼠标右击桌面空白处,在快捷菜单中选择"排序方式",然后在弹出的二级菜单项中选择需要排列的方式,如:"名称""大小"等,如图 1.6 所示。

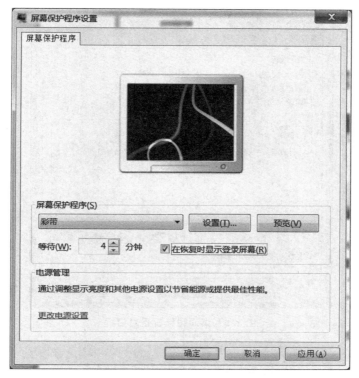

图 1.3　屏幕保护程序设置窗口

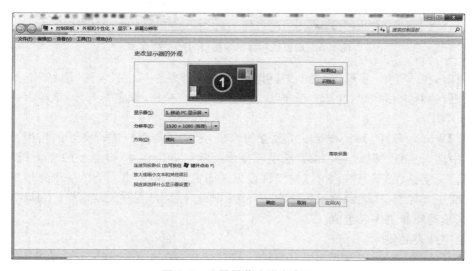

图 1.4　设置屏幕分辨率窗口

2. 开始菜单和任务栏的设置和使用

（1）开始菜单设置

设定"开始"菜单显示最近打开的程序数目为 12。

用鼠标右击屏幕左下角"开始"菜单图标，单击"属性"菜单项，打开"任务栏和「开始」菜单

图 1.5　桌面图标设置对话框

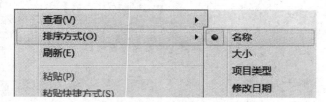

图 1.6　桌面快捷菜单中的"排序方式"菜单

属性"对话框,在"「开始」菜单"选项卡中,可进行"「开始」菜单"设置,勾选"隐私"框下面"存储并显示最近在「开始」菜单中打开的程序"。点击"自定义"按钮,设定"「开始」菜单大小"数目为12,如图 1.7 所示。

【注意】Windows 中,对话框是一个独立的窗口,起到了与用户进行交互的作用,用户可以在对话框中输入信息、阅读提示、设置选项等操作。除鼠标操作外,键盘上的 Tab 键可以激活各组件,箭头、空格、回车等键也可以对组件设置。而窗口是电脑桌面上的一个矩形框,是应用程序运行的一个界面,也表示该程序正在运行中,窗口一般由标题栏、菜单栏、工具栏、状态栏、窗口边框、滚动条和工作区组成。

(2)程序列表的使用

打开"开始"菜单的"所有程序"|"附件",找到"计算器",单击运行一次。再次打开"开始"菜单,"计算器"已经出现在程序列表中。

【注意】如果程序列表中显示的程序已经达到设定的"「开始」菜单大小"最大值,当前打开的"计算器"程序可能并不会显示在可见的列表中。

①锁定程序项　在程序列表中或者在"所有程序"|"附件"中,选择"计算器",单击右键,在快捷菜单中选择"附到「开始」菜单",即可将"计算器"程序项锁定到"开始"菜单上端固定程序列表项中,如图 1.8 所示。

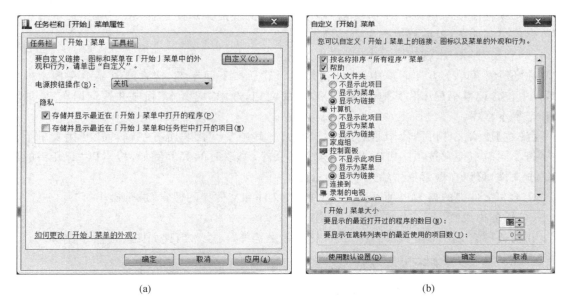

(a)   (b)

图 1.7 开始菜单设置

图 1.8 "开始"菜单中的程序项

②解锁程序项　在锁定的"计算器"程序列表项的快捷菜单中选择"从「开始」菜单解锁"，即可解锁该程序项，返回程序列表中显示。

（3）利用"搜索"框搜索

在"开始"菜单下方搜索框中键入"记事本"，然后按下回车键，搜索结果显示在搜索框上方，其中包含记事本程序和其他包含"记事本"的文档，选中"记事本"程序并按下回车键，即可打开记事本程序。

【注意】搜索文件可用使用通配符"＊"和"？"。其中"＊"代表所有字符，而"？"代表单个任意字符。同时在搜索选项中可以指定搜索文件大小、修改时间等。例如，搜索以"a"开头的所有文本文件，可以在搜索框中输入"a＊.txt"。

文本和文件夹的搜索也可以按本章实验2"文件和文件夹的搜索"进行操作。

（4）任务栏设置

在任务栏空白处单击鼠标右键，在快捷菜单中选择"属性"，出现如图1.9所示窗口。

图1.9　任务栏和开始菜单属性对话框

①设置任务栏的自动隐藏功能　在"任务栏"窗口的多选项"自动隐藏任务栏"前打勾，然后单击"应用"或"确定"按钮，当鼠标离开任务栏时，任务栏会自动隐藏。

②改变任务栏按钮显示方式　默认情况下，任务栏按钮为"始终合并、隐藏标签"状态，此时任务栏图标显示为如图1.10形式。改变任务栏按钮显示方式为"从不合并"，此时任务栏图标显示为如图1.11形式。

图1.10　"始终合并、隐藏标签"状态下的任务栏

③在通知区域显示音量图标　单击图 1.9 中的"自定义"按钮,在图 1.12 所示窗口中设置"音量"项为"显示图标和通知"状态,音量图标就会显示在通知区域。同理,当电脑外接了移动设备,如 U 盘,默认情况下,U 盘的图标处于隐藏状态,如果需要设置 U 盘在通知区域显示,只需设置"Windows 资源管理器"项为"显示图标和通知"状态。

图 1.11　"从不合并"状态下的任务栏

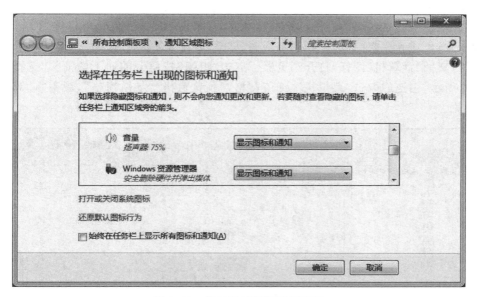

图 1.12　通知区域图标设置窗口

④将程序锁定到任务栏　对于常用程序,可以将其锁定到任务栏以方便下次快速打开。运行任意程序,任务栏上会显示一个对应的图标,例如运行 Word 程序,任务栏上会显示一个 Word 图标,关闭该程序后任务栏上的Word 图标将消失。在打开 Word 程序后,右击任务栏上的 Word 图标,在快捷菜单中选择"将此程序锁定到任务

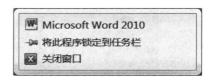

图 1.13　将程序锁定到任务栏菜单

栏"即可将 Word 程序锁定到任务栏,如图 1.13 所示。当关闭 Word 程序后,任务栏上仍然显示 Word 程序图标,单击该图标就可以方便打开 Word 程序。

3. Windows 7 窗口、菜单和对话框的基本操作

(1)Windows 7 窗口和菜单快捷操作

① 新建一个记事本窗口,利用键盘进行以下操作。通过 Aero Snap 功能调整窗口。

窗口最大化:WIN+向上箭头;

窗口靠左显示:WIN+向左箭头;

窗口靠右显示:WIN+向右箭头;

还原窗口或窗口最小化:WIN+向下箭头。

②使用 Alt＋空格在屏幕左上角打开窗口控制菜单,然后按下键盘对应的控制菜单项后面字母,进行窗口操作。

③通过键盘进行记事本窗口菜单操作。使用 Alt＋窗口一级菜单后面对应字母,打开菜单,通过键盘对菜单项进行操作。

④再次新建多个记事本窗口。按住 Alt 键不动,并来回切换 Tab 键,在上述应用程序窗口之间切换。

⑤按组合键 Alt＋F4 关闭窗口。

（2）Windows 7 窗口排列与组织

①打开多个记事本窗口,分别按照层叠、堆叠、并排显示的方式进行窗口排列。

【提示】右击任务栏空白处,分别选定层叠、堆叠、并排显示菜单项。

②双击桌面“计算机”图标,打开浏览器。点击“组织”按钮旁的向下的箭头,选择“布局”,如图 1.14 所示,去选或勾选“菜单栏”“细节窗格”“预览窗格”“导航窗格”,观察“计算机”窗口格局的变化。

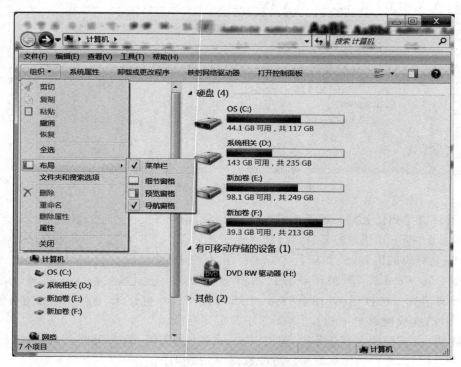

图 1.14　“计算机”窗口布局设置

（3）使用库

在“计算机”窗口的导航窗格中选择“库”,右击鼠标,在快捷菜单中选择“新建”|“库”,如图 1.15 所示,并重命名新建库为“mylib”;打开“mylib”快捷菜单,选择“属性”,打开如图 1.16 所示“属性”对话框,单击“包含文件夹”按钮,选择指定的文件夹,可以将该文件夹添加到库 mylib 中。

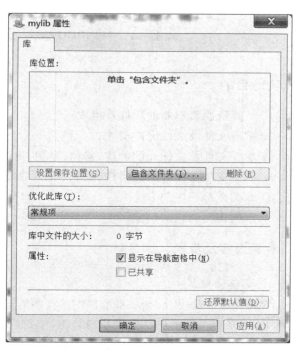

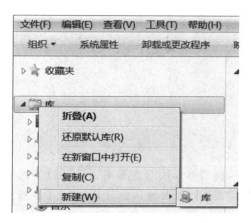

图 1.15　"库"快捷菜单　　　　　　　图 1.16　"库"属性对话框

4. 创建桌面小工具

在桌面空白处右击鼠标,在弹出快捷菜单中选择"小工具",出现如图 1.17 所示桌面小工具窗口,选择对应小工具应用,双击、拖曳或在右键菜单中选择"添加",就可以将该应用添加到桌面。

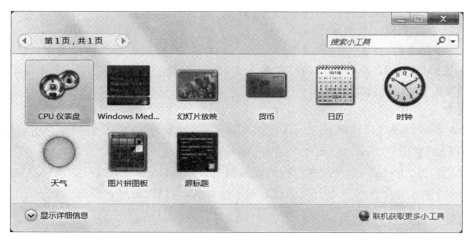

图 1.17　桌面小工具窗口

实验二　Windows 7 文件及文件夹操作

一、实验目的

1. 了解资源管理器的功能及组成；
2. 掌握文件及文件夹的概念；
3. 掌握文件及文件夹的创建、移动、复制、重命名、删除和恢复操作；
4. 掌握文件及文件夹的属性、关联和搜索方法，文件及文件夹的快捷方式；
5. 掌握运行程序的方法；
6. 掌握快捷方式的创建。

二、实验内容及步骤

1. 资源管理器

资源管理器是 Windows 系统提供的资源管理工具，我们可以用它查看本台计算机的所有资源，特别是它提供的树状文件系统结构，使我们能更清楚、更直观地认识计算机的文件和文件夹。另外，在"资源管理器"中还可以对文件进行各种操作，如：打开、复制、移动等。

常见资源管理器打开方式主要有：

• 右击桌面左下角"开始"按钮附近的区域，在出现的快捷菜单中选择"Windows 资源管理器"。

• 通过任务栏中的图标或"开始"菜单中的"所有程序"|"附件"|"Windows 资源管理器"打开资源管理器。

2. 设置文件及文件夹的显示与排列方式

(1)设置文件及文件夹的显示方式

打开资源管理器，点击"查看"菜单，如图 1.18 所示，或在资源管理器右边窗口任意空白处右击鼠标，选择"查看"菜单，都可以看到"超大图标""大图标"……"详细信息"等菜单项，从而来改变文件及文件夹的排列方式。

(2)设置文件及文件夹的图标排列方式

选择菜单项"查看"|"排序方式"，或单击鼠标右键，在快捷菜单中选择"排序方式"，可以根据需要选择按"名称""大小"或"类型"来排列图标顺序。

在"详细信息"方式下，也可以在右边列表标题上点击鼠标左键，从而根据该列信息进行文件及文件夹的升序或降序排列。点击列标题右端下拉箭头，可以进行显示筛选，如图 1.19 所示。

3. 文件与文件夹操作

(1)创建文件夹

在 D 盘根目录上创建一个如图 1.20 所示的文件夹结构。

方法一：在资源管理器窗口将导航窗格选定 D:\为当前文件夹，在资源管理器右边窗格，使用菜单命令"文件"|"新建"|"文件夹"，右窗格出现一个新建文件夹，名称为"新建文件夹"。将其改名为"User"；双击"User"文件夹，进入该目录下，用同样方法建立"MyData"文件夹，按

图 1.18　资源管理器的"查看"菜单

图 1.19　文件与文件夹的显示

同样方式,可以完成如图 1.20 所示文件夹结构的创建。

　　方法二:在资源管理器窗口选定 D:\为当前文件夹情况下,在资源管理器右边窗格任意空白位置处右击鼠标,在弹出的快捷菜单中选择"新建"|"文件夹",也可以完成上述文件夹结构的创建。

　　【提示】计算机系统中的文件通常采用"按名存取"。文件一般存储在大容量硬盘中,为有效管理磁盘上众多文件,往往需要把磁盘划分为几个分区,这些分区也称为卷。卷通常对应多级目录结构中的第一级目录,也称为根目录。然后在根目录下面可以建立子目录,子目录下面可以再建立子目录,在 Windows 中,这种目录对应为

图 1.20　文件夹结构

文件夹,文件就是放置在相应文件夹下面。这样的结构看起来像一棵倒置的树,如图 1.21 文件目录结构所示,因此这种组织方式称为树状目录结构。在同一个目录中,文件不允许有同名,而在不同的目录中,文件则允许同名。

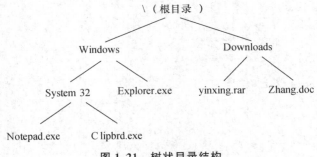

图 1.21　树状目录结构

(2)新建文件

①在指定路径或文件夹中,可以通过右击鼠标,选择"新建",在弹出快捷菜单中选择常用文件,然后对文件进行命名;

②欲创建某类文件,只需打开该文件对应的软件,通常该类软件都有"新建"菜单项或按钮,通过软件的"新建"命令也可以新建文件。

(3)文件或文件夹的改名

通过资源管理器"文件"菜单的"重命名"可以实现文件或文件夹的重命名;或者在指定对象上右击鼠标,可以根据弹出菜单中的"重命名"来实现对象的更名。

通常,文件改名只对主文件名进行修改,对文件扩展名不修改,否则,可能导致文件打开错误。

【注意】不同操作系统对文件命名的方式可能有所不同,但一般来说,都基本遵循"文件名.扩展名"的规则。比如,Windows 操作系统中记事本程序文件名 Notepad. exe 中,Notepad 代表文件名,而 exe 代表文件扩展名。文件名一般由字母、数字、下划线等组成,有些操作系统是不区分大小写的,例如 Windows,而有的是区分大小写的,如 Unix。文件的扩展名一般具有特定的含义,用来标识文件的类型。不同类型文件的处理方式是不同的。

在 Windows 7 中,文件命名一般遵循如下的约定:

①最多可使用 255 个字符。用汉字命名,最多可以有 127 个汉字。

②不能使用下列字符:/、\、:、* 、?、"、<、>、|。

③可以有多个分隔符,比如"Mr Zhang. report. 2008. doc",其中最后一个"."后的字符串为文件扩展名。

④在查找和显示时可以使用通配符"?"和" * ",其中"?"代表任意一个字符,而" * "代表任意一串字符。

这些约定也适用于对文件夹的命名。

(4)文件与文件夹的选定、复制、移动操作

①选定多个文件或文件夹　选中多个不连续的文件或文件夹:按住键盘"Ctrl"键不放,用鼠标单击需要的文件或文件夹,即可同时选中多个不连续的文件或文件夹。

选中多个连续的文件:先用鼠标单击选定第一个文件或文件夹对象,然后按住键盘"Shift"键不放,用鼠标单击欲选择的最后一个文件或文件夹对象。

选定全部对象：可以通过单击"编辑"菜单，再选择其中的"全部选定"命令；或者按快捷键"Ctrl＋A"。

②复制文件或文件夹　选择完成待复制的对象后有以下两种方法。

方法一：选中资源管理器菜单"编辑"|"复制"菜单项；或者右击鼠标，在快捷菜单中选"复制"；或者按快捷组合键"Ctrl＋C"完成复制。进入指定目标位置，选择资源管理器"编辑"|"粘贴"菜单命令；或者单击鼠标右键，在快捷菜单中选择"粘贴"命令；或者按快捷键"Ctrl＋V"，即可将复制的文件或文件夹粘贴到当前指定的位置中。

方法二：在资源管理器左边窗格选中要复制对象的目标位置，如果要复制对象所在位置与目标位置在不同驱动器下，可以直接将选定对象拖放到目标磁盘驱动器下的指定位置，即开始进行复制；如果要复制到相同的磁盘驱动器下，需要在拖动的时候，按住 Ctrl 键不放。

③移动文件或文件夹　选择完成待移动的对象后有以下两种方法。

方法一：选中资源管理器菜单"编辑"|"剪切"菜单项；或者右击鼠标，在快捷菜单中选"剪切"；或者按快捷组合键"Ctrl＋X"完成剪切。进入指定目标位置，选择资源管理器"编辑"|"粘贴"菜单命令；或者单击鼠标右键，在快捷菜单中选择"粘贴"命令；或者按快捷键"Ctrl＋V"，即可将选定的文件或文件夹移动到当前指定的位置中。

方法二：在资源管理器左边窗格选中要移动对象的目标位置，如果移动对象与目标位置在不同驱动器上，按住 Shift 键不放，同时将选定的文件或文件夹拖动到目标磁盘驱动器或目标文件夹，实现移动操作。如果是在同一个驱动器上移动，只需要用鼠标直接拖动就可以，不需要按住 Shift 键。

（5）查看并设置文件或文件夹的属性

选定指定的文件或文件夹，在右键菜单中选择"属性"，出现属性对话框，在"常规"窗口，可以看到类型、位置、大小、占用空间等文件或文件夹信息，如图 1.22 所示。选中窗口中的"只

图 1.22　文件属性窗口

读"属性项,可设置文件或文件夹为只读文件;而"隐藏"属性项,选中后可将该文件或文件夹设置为隐藏对象。而点击"高级"按钮,可对文件的其他属性,如"存档""压缩"或"加密"属性进行设置。

(6)显示/不显示隐藏文件和文件夹

点击资源管理器的"工具"|"文件夹选项"菜单项,弹出如图 1.23 所示窗口,在"隐藏文件和文件夹"下选择"不显示隐藏的文件、文件夹或驱动器",单击"确定"按钮后,所有设置为隐藏的文件或文件夹将不再显示。

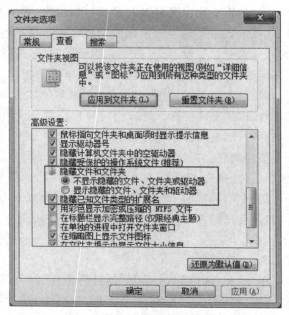

图 1.23　文件夹选项窗口

反之,选中"显示隐藏的文件、文件夹和驱动器",所有设置为隐藏的文件或文件夹将变成可见。

(7)文件及文件夹的删除与恢复

选定文件或文件夹后,可以通过"文件"菜单或快捷菜单的"删除"命令或者直接按键盘"Delete"键来完成对象的删除。删除后的对象一般情况并没有从物理硬盘上删除掉,而是放入"回收站",这是一种逻辑上的删除,因此要从物理上删除掉这些文件,可以通过"回收站"操作来进行。当然,也可以通过"回收站"恢复这些删除掉的文件。但是,有下列 4 种情况删除后是不能再恢复的:

①可移动磁盘,如 U 盘上的文件;

②网络上的文件;

③在 MS DOS 方式中被删除的文件;

④用户通过组合键 Shift+Del 键直接完成物理硬盘上的删除。

(8)文件和文件夹的搜索

①设置搜索方式　　在资源管理器窗口中打开"组织"下拉列表,选择"文件夹和搜索选项",出现如图 1.24 所示对话框,在"搜索内容"部分选择"始终搜索文件名和内容",在"搜索方

式"部分选勾"在搜索文件夹时在搜索结果中包括子文件夹"和"查找部分匹配",将可以根据文件名或文件内容进行文件搜索。

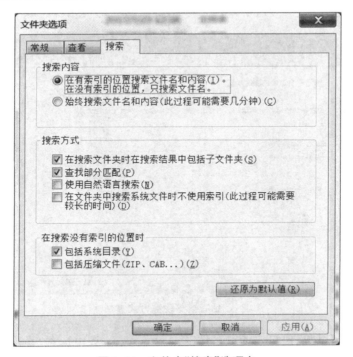

图 1.24　文件夹"搜索"选项卡

②在 C 盘内搜索所有文件名为以字母"a"开头的文本文件(扩展名为.txt)。

打开资源管理器,在左窗格选择 C 盘,在窗口右上角的搜索栏中输入"a＊.txt",搜索结果显示在右侧窗口。

③在 C:\Windows 下搜索所有文件大小不超过 10 K,修改日期在 2010-1-1 至 2017-12-31 的所有文件。

在资源管理器的左窗格选择 C:\Windows 文件夹;然后在窗口右上角的搜索栏内"添加搜索筛选器"下选择"大小"为"微小(0-10 KB)";再选择"修改日期"为 2010-1-1 至 2017-12-31 (首先选择 2010-1-1,按住"Shift"键,再选择 2017-12-31 即可)。

(9)应用程序与文档文件的关联

在 Windows 中,常常会碰上有些文档文件不能直接打开,或者有些文件可以被多个应用程序打开,如一个视频文件,可以被很多视频播放软件打开,这时往往需要将文件和应用程序建立关联。这样双击文件时,就可以自动启动对应的应用程序来打开该文件。

要实现这种关联,可以用鼠标右击要关联的文件,在快捷菜单中选择"打开方式"|"选择默认程序",然后指定打开该文件的应用程序,并选定"始终使用选择的程序打开这种文件"即可。

4.创建桌面快捷方式

在桌面上创建一个指向画图程序(mspaint.exe)的快捷方式,命名为"绘图"。

通常有两种方法:

方法一:在桌面空白处右击鼠标,在快捷菜单中选择"新建"|"快捷方式"命令,打开"创建

快捷方式"对话框,如图 1.25 所示,在"请键入对象的位置"框后,点击"浏览"按钮,选择 Windows 的 mspaint. exe 文件的路径"C:\Windows\system32\mspaint. exe",单击"下一步"按钮,在"键入该快捷方式的名称"框中,输入"绘图",再单击"完成"。

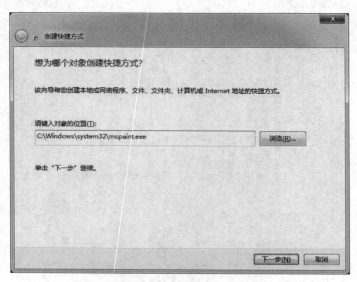

图 1.25　创建快捷方式窗口

方法二:在资源管理器窗口中选定文件"C:\windows\system32\mspaint. exe",用鼠标右键拖动该文件至"桌面",在释放鼠标右键的同时弹出一个快捷菜单,选择"在当前位置创建快捷方式"命令;在所创建快捷方式图标上右击鼠标,选择"重命名"命令,将该快捷方式名称改为"绘图"。

实验三　Windows 7 系统设置、附件及常用小程序的使用

一、实验目的

1. 掌握"控制面板"中常用资源的设置；
2. 了解附件及常用小程序的使用。

二、实验内容及步骤

1. 控制面板的使用

控制面板（Control Panel）是 Windows 图形用户界面一部分，它允许用户查看并操作基本的系统设置和控制，比如添加硬件、添加/删除软件、控制用户账户、更改辅助功能选项等。

打开"开始"菜单下的"控制面板"，出现"控制面板"窗口，如图 1.26 所示是以小图标方式显示的"控制面板"窗口。

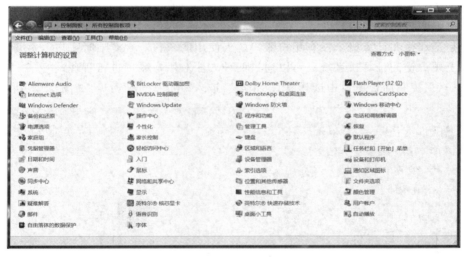

图 1.26　控制面板窗口

（1）添加或删除程序

通过控制面板窗口中"程序和功能"，用户可以从系统中删除或更改程序。"添加/删除程序"窗口会显示系统所有已安装程序的版本、安装的时间以及程序占用的磁盘空间，如图 1.27 所示。

如果需要删除（卸载）一个已经安装的应用程序，选中该程序，单击名称栏上方"卸载/更改"按钮即可按提示的步骤卸载一个应用程序。

（2）"用户账户"管理

通常，Windows 7 系统的用户账户包括管理员账户、标准用户账户、来宾账户 3 种类型。计算机的管理员账户拥有对全系统的控制权，能改变系统设置。标准用户账户是受到一定限制的账户，在系统中可以创建多个此类账户，也可以改变其账户类型；该账户可以访问已经安

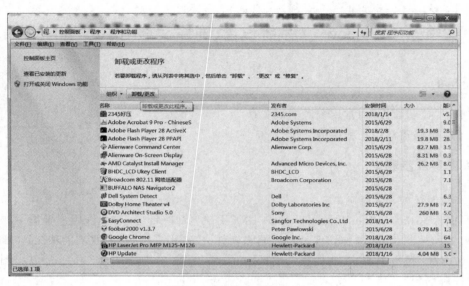

图 1.27　程序和功能窗口

装在计算机上的程序,可以设置自己账户的图片、密码等,但无权更改大多数计算机的设置。来宾账户是给那些在计算机上没有用户账户的人使用的,它是一个"临时账户",主要用于远程登录的网上用户访问计算机系统。可以通过两种方法对用户账户进行管理。

方法一:在控制面板窗口中选择"用户账户",进入"用户账户"窗口,如图 1.28 所示。

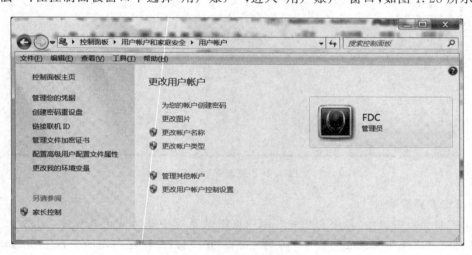

图 1.28　用户账户窗口

①为当前账户创建密码　选择图 1.28 中的"为您的账户创建密码",可以为当前账户创建密码,在下次登录时密码启用。

②管理其他账户　单击图 1.28 中的"管理其他账户",在出现的"管理账户"窗口,可以选择"创建一个新账户"或者对已有账户进行删除、停用等管理。

方法二:通过控制面板中的"管理工具",如图 1.29 所示。在"管理工具"窗口中选择"计算机管理",打开"计算机管理"窗口,如图 1.30 所示,展开左窗格的"本地用户和组",选择"用户",右窗格中显示所有的账户信息,在该窗口,也可以方便对当前计算机账户进行各种管理。

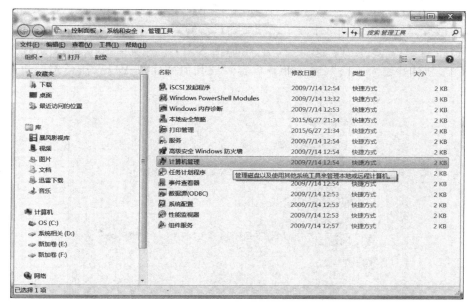

图 1.29 管理工具窗口

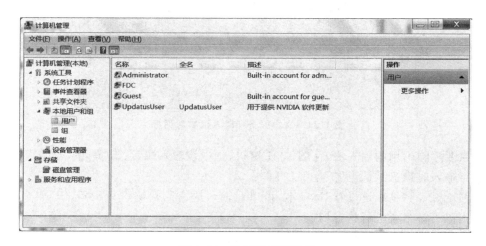

图 1.30 计算机管理窗口

【提示】

• 除通过控制面板打开"计算机管理"窗口外,也可以用鼠标右击桌面"计算机"图标,在弹出快捷菜单上选择"管理"。

• 用鼠标点击"开始"菜单,然后在搜索框中输入 compmgmt. msc,打开"计算机管理"窗口。

(3)输入法设置

通过"区域和语言选项",添加/删除"微软拼音输入法"。

区域和语言选项可改变多种区域设置,例如:时间和日期符号、数字显示的方式、默认的货币符号、用户计算机的位置、安装输入法等。

　　①在"区域和语言"对话框中选择"键盘和语言"选项卡,点击"更改键盘"按钮,出现"文本服务和输入语言"对话框,对话框中显示已安装的汉字输入法,如图 1.31 所示;

　　②单击图 1.31 中的"添加"按钮,出现"添加输入语言"对话框,在列表中选择"中文(简体)-微软拼音新体验输入风格"(当前计算机安装的其他微软拼音输入法),然后单击"确定"按钮;

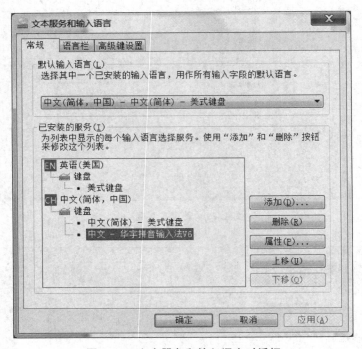

图 1.31　文本服务和输入语言对话框

　　③如果要删除不用的输入法,在图 1.31 窗口,选中该输入法,点击"删除"即可。

　　④汉字输入时键盘默认设置

　　打开图 1.31 的"高级键设置"选项卡,可以对输入语言的热键进行设置。通常,汉字输入时可以采用以下键组合进行状态切换。

　　a)Ctrl+空格　　　在英文状态和汉字输入状态间切换;

　　b)Ctrl+Shift 或 Alt+Shift　　　在各种中文输入法间切换;

　　c)Ctrl+·　　　在中英文标点符号间切换;

　　d)Shift+空格　　　在全角/半角间切换。

　　(4)查看设备和添加打印机

　　用鼠标点击如图 1.26 所示控制面板主窗口"设备管理器",可以看到如图 1.32 所示的设备管理器窗口,列出了当前计算机系统安装的所有设备。如果某个设备列表前面出现带有黄色感叹号的图标,表示该设备驱动程序未安装成功;如果某个设备前显示了黄色的问号,表示该硬件未能被操作系统所识别;这两种情况需要重新安装该设备的驱动程序后才能正常使用该设备。如果某个设备前显示了红色叉号,这说明该设备已被停用,被停用可能是人为禁用了该设备,如果想重新启用该设备,右击该设备选择"启用"命令即可。

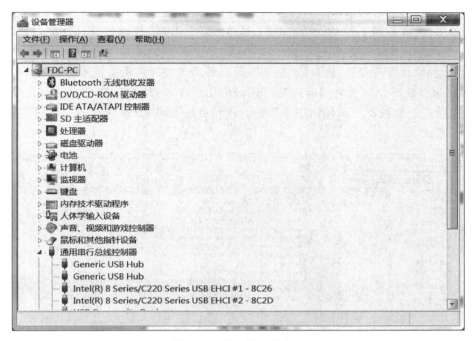

图 1.32　设备管理器窗口

　　用鼠标点击"设备和打印机"选项,可以看到如图 1.33 所示的设备和打印机窗口,可以在当前窗口添加打印机并根据弹出的向导来安装新的打印机,或者设置某台打印机为系统默认打印机。

图 1.33　设备和打印机窗口

（5）利用管理工具

利用管理工具，查看当前系统启用的服务情况以及磁盘使用情况。

通过如图 1.29 和图 1.30 所示的管理工具，可以利用其中提供的管理功能对系统进行优化管理。

用鼠标点击"计算机管理"窗口的"服务"，可以看到当前计算机系统所有的服务程序，如图 1.34 所示。这些服务是可长时间运行的可执行应用程序，可以在计算机启动时自动启动，可以暂停和重新启动而且不显示任何用户界面。我们可以关闭"服务"窗口中一些不需要的服务功能来优化系统。

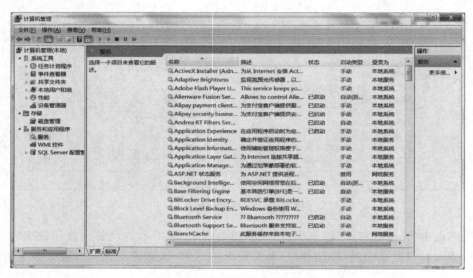

图 1.34　计算机管理的"服务"

选定某个服务，单击鼠标右键，选择"属性"，可以打开当前服务的"属性"窗口，该窗口可以对该服务进行启动或停止，也可以设置其启动方式（自动、手动、禁用等）。通常，如果对某项服务不是特别了解，不要随意进行更改，否则，可能引起系统使用错误。

利用磁盘管理程序来对磁盘分区进行格式化、更改等操作。点击"计算机管理"窗口左侧"磁盘管理"，可以查看当前系统磁盘分区及使用情况。

2. 附件及常用小程序的使用

（1）画图程序使用

打开"控制面板"窗口，将该窗口保存为一幅图片，命名为"控制面板.jpg"并保存在 D:\。

①点击"开始"菜单，点击右侧"控制面板"；另一种方法为：按下键"Win＋R"，或者在开始菜单里面打开"运行"，在运行输入框里面输入"control"，打开如图 1.26 所示控制面板窗口。

【注意】如果开始菜单中无"运行"，读者可以通过"任务栏和「开始」菜单属性"对话框打开"自定义「开始」菜单"对话框，从中勾选"运行命令"以在开始菜单中显示"运行"。

②按下组合键"Alt＋PrintScreen"，拷贝当前活动窗口到剪贴板。

③启动"开始"|"所有程序"|"附件"|"画图"程序，点击"粘贴"，把控制面板窗口粘贴到绘图工作区。

④在"画图"程序窗口点击保存，弹出"保存为"窗口，如图 1.35 所示，在左边栏内选择"D:"，

在"文件名"栏内输入"控制面板",文件类型选择"JPEG(＊.jpg;＊.jpeg;＊.jpe;＊.jfif)",点击保存。

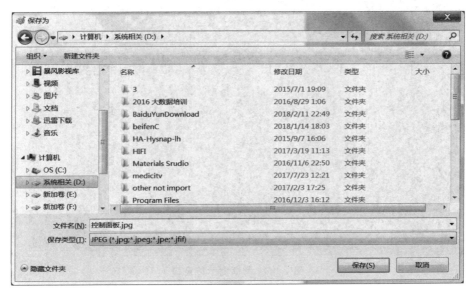

图 1.35　保存为窗口

(2)在 D:\下创建一个文本文件,输入任意内容,命名为"MyTest.ini",并将该文件设置为用"写字板"打开。

①启动"开始"|"所有程序"|"附件"|"记事本"应用程序。

②在记事本窗口输入任意内容。

③点击"文件"|"保存",弹出"另存为"窗口内,选择目标路径为 D:\,保存类型为"所有文件(＊.＊)","文件名"栏内输入"MyTest.ini",点击"保存"。

④在 D:\找到该文件,并在该文件上右击鼠标,在弹出菜单上选择"打开方式"|"选择默认程序",然后选中"写字板"应用程序,单击"确定"后即可以实现文件和应用程序的关联。如果选中"始终使用选择的程序打开这种文件",则该类型文件默认会用选中的程序打开。

(3)命令提示符使用

通过命令提示符方式在 D:\下建立文件夹 AA,并把系统盘下 C:\Windows\explorer.exe 文件复制到 AA 文件夹下(假定系统盘为 C 盘)。

在 Windows 环境下,命令行程序为 cmd.exe,是一个 32 位的命令行程序,类似于微软的 DOS 操作系统。输入一些命令,cmd.exe 可以执行,比如输入 shutdown -s -t 30 就会在 30 秒后关机。

打开方法:点击"开始"|"所有程序"|"附件"|"命令提示符"或点击"开始"|"在输入框内输入:cmd.exe",回车。启动命令提示符后,出现如图 1.36 所示窗口。

在上述窗口,需要通过输入下列命令,完成上述操作。

如果不是显示 D:\>提示符,则

①输入 D:,然后按下回车键,进入 D:\根目录,此时出现 D:\>提示符。

②输入命令:md□AA(□代表空格,该命令用来建立 AA 文件夹)。

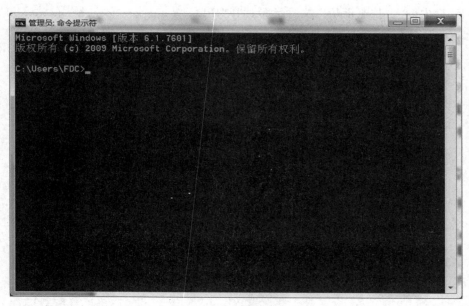

图 1.36　命令提示符窗口

③输入命令：copy□c:\windows\explorer. exe□aa　（该命令完成文件复制，假定系统盘为 C 盘）。

④输入命令：dir□aa（该命名用来显示文件夹 aa 内的文件）。

（4）系统工具的使用

运行"磁盘清理程序"，搜索计算机的所有驱动器，然后列出临时文件、Internet 缓存文件和可以安全删除的不需要的程序文件。可以使用磁盘清理程序删除部分或全部这些文件，帮助释放硬盘驱动器空间。

方法一：打开"开始"菜单，选择菜单命令"所有程序"|"附件"|"系统工具"|"磁盘清理"，选择待清理的驱动器，即可进入磁盘清理（扫描磁盘可能需要花几分钟时间）。如图 1.37 所示，选择需要删除的文件，单击"确定"按钮即可删除这些文件。

方法二：双击桌面上"计算机"图标，打开"计算机"窗口，选择一个硬盘驱动器，如 C:盘，在右键菜单中选择"属性"，在弹出的属性页窗口中单击"磁盘清理"按钮，即开始磁盘清理。

（5）Windows 任务管理器的使用

启动画图程序，然后通过 Windows 任务管理器关闭该程序。

①启动"画图"程序；

②右击任务栏空白处，选择"启动任务管理器"，或者按下键盘组合键"Ctrl＋Alt＋Del"，打开任务管理器窗口，如图 1.38(a)所示，在"应用程序"选项卡，选择"无标题-画图"，点击"结束任务"；或者，选择"进程"选项卡，如图 1.38(b)所示，选择"mspaint. exe"，点击"结束进程"。

（6）注册表的使用

【注意】由于注册表的操作不当，可能导致系统崩溃，所以建议读者在进行注册表操作之前，先备份注册表。对不熟悉的注册表项目谨慎操作。

①将注册表备份到 D:盘根目录，命名为"注册表 . reg"。

a)在"开始"|"在输入框内输入：regedit"，启动注册表编辑器。

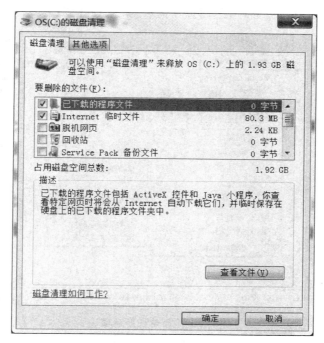

图 1.37 磁盘清理窗口

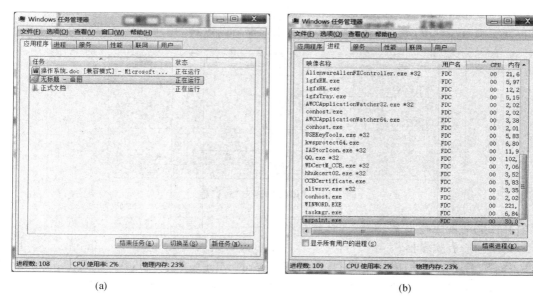

图 1.38 Windows 任务管理器窗口

b)选择"文件"|"导出…"命令,将注册表导出并保存在 D 盘。

②将"记事本"应用程序添加到启动项。

a)启动注册表编辑器;

b)选择"HKEY_CURRENT_USER\Software\Microsoft\Windows\CurrentVersion\Run"项目,在"Run"项目右击鼠标,在弹出菜单中选择"新建"|"字符串值",如图 1.39 所示,此

时新建了一个类型为 REG_SZ 的值项,将值项命名为"NotePad";

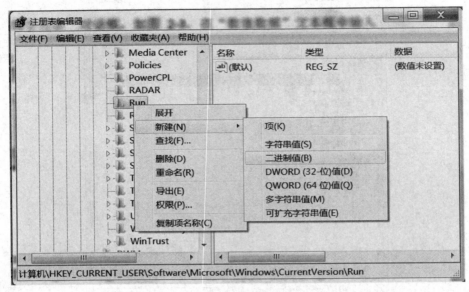

图 1.39 新建注册表项

c)右击该项名称,选择"修改",弹出"编辑字符串"对话框,如图 1.40 所示,在"数值数据"文本框中输入"c:\windows\notepad. exe"完成添加;

d)再次启动计算机后,会发现开机后记事本程序自动运行。

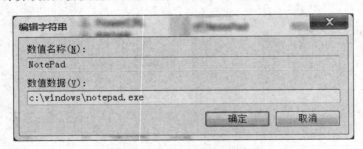

图 1.40 "编辑字符串"对话框

③利用注册表隐藏 E 驱动器。(选做)

a)启动注册表编辑器;

b)选择"HKEY_CURRENT_USER\Software\Microsoft\Windows\CurrentVersion\Policies\Explorer"注册表项,右击"Explorer"注册表项,在弹出菜单的快捷菜单中选择"新建"|"DWORD 值"命令,此时新建了一个类型为 REG_DWORD 的值项,命名为"NoDrives";

c)双击该值项,弹出"编辑 DWORD 值"对话框,在"数据数值"文本框中输入数值 8,在"基数"选项组中选择"十六进制"选项,单击"确定"按钮。

第二章　Word 基本操作

实验一　Word 文档的管理、编辑和排版

一、实验目的

1. 掌握中文 Word 2010 的启动和退出方法；
2. 熟悉 Word 2010 的工作环境及组成；
3. 掌握新建、保存、另存、打开及关闭 Word 文档的方法；
4. 熟练掌握文本的输入及文本块的选定、修改、插入、删除等基本编辑操作；
5. 掌握查找和替换操作；
6. 熟悉文档编辑中有关工具(如拼写和语法、字数统计等)的使用；
7. 掌握字符格式化、段落格式化和页面格式化方法；
8. 掌握样式的使用；
9. 掌握文档的修订和批注方法；
10. 熟悉文档的页面设置、打印预览及打印输出。

二、实验内容

1. Word 2010 的启动和退出

启动 Word 2010 有多种方式，常用的方法有如下 3 种：

方法一：用鼠标单击桌面左下角的"开始"按钮，从弹出的"开始"菜单中执行"所有程序"｜"Microsoft Office"｜"Microsoft Word 2010"命令启动。

方法二：在桌面上建立一个 Word 2010 快捷方式图标，双击此快捷方式图标即可。

方法三：双击本机中存在的 Word 2010 文档。

退出 Word 2010 的常用方法有如下 5 种：

方法一：单击 Word 2010 窗口右上角的"关闭"按钮。

方法二：右键单击文档标题栏，从弹出的快捷菜单中单击"关闭"命令。

方法三：单击"文件"选项卡的"退出"命令。

方法四：使用快捷键 Alt＋F4。

方法五：双击 Word 2010 窗口左上角的控制图标🔳。

2. Word 2010 的工作界面

启动 Word 2010 以后，其显示的工作界面如图 2.1 所示，包括快速访问工具栏、标题栏、

"文件"选项卡、功能选项卡和功能区、帮助按钮、文档编辑区、状态栏及滚动条等。

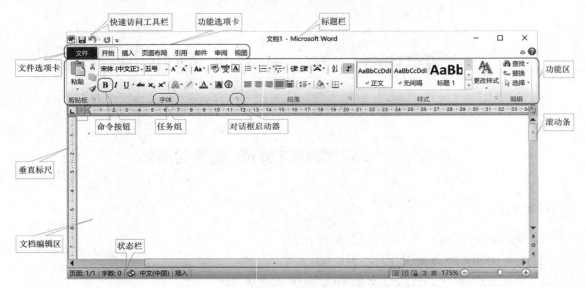

图 2.1　Word 2010 的工作界面

（1）快速访问工具栏

快速访问工具栏位于文档窗口顶部的左侧，该工具栏中集中了多个常用的按钮，是一组独立于当前所显示的选项卡的命令，如"保存""撤销""重复"等按钮，用户也可以向其中添加其他常用的命令按钮，以便无论使用哪个选项卡时都可以访问这些命令。

（2）标题栏

Word 2010 的标题栏位于窗口的顶端，用于显示当前正在使用的文档名等信息。如果文档尚未命名，则 Word 2010 自动以"文档 1"这一临时文件名作为当前文档的名称。标题栏最右端有 3 个按钮，分别用来控制窗口的最小化、最大化和关闭应用程序。

（3）"文件"选项卡

在 Word 2010 中，单击"文件"按钮，将看到与 Word 早期版本相同的"新建""打开""保存""打印"等基本命令。另外，还增加了"保护文档""检查问题"等新命令。

（4）功能选项卡和功能区

Word 2010 拥有全新的用户界面，其最大的创意就是改变下拉式菜单命令，以全新的功能区命令取而代之。功能区旨在帮助用户快速找到完成某一任务所需的命令。命令被组织在逻辑组中，逻辑组集中在选项卡中，每个选项卡都与一种类型的活动相关，例如"页面布局"选项卡与页面编写内容或设计布局有关。

在默认状态下，功能区包括"开始""插入""页面布局""引用""邮件""审阅""视图"选项卡。如图 2.2 所示，在"插入"选项卡中，将整个与插入相关的内容分为"页""表格""插图""链接""页眉和页脚""文本""符号"选项区域。通过这些组可以进行基本的插入工作，丰富文档的内容。

（5）帮助按钮

在功能选项卡的最右端有一个帮助按钮❷，单击它或者按下快捷键 F1，就可以打开帮助窗口。在其中可以查找用户需要的帮助信息。在帮助窗口中有个"搜索"选项，可以在其左侧的文本框中输入要搜索的关键字以搜索相关帮助。

图 2.2　功能选项卡和功能区

（6）文档编辑区

文档编辑区位于窗口中央,用户通过它可以进行输入文字、插入图片、设置和编辑格式等操作。

（7）状态栏

状态栏位于窗口的底部,显示当前文档的信息,包括当前文档的页数、文档总页数、包含的字数、拼写检查、输入法状态、编辑模式,如图 2.3 所示。在状态栏的右侧还有视图切换按钮、缩放级别和显示比例调整滑块等。

图 2.3　状态栏

（8）滚动条

在编辑区的右边和底部,分别有垂直滚动条和水平滚动条。单击垂直滚动条中的翻页箭头 ▲ 或 ▼,可以使文档向上或向下翻一页。

3．新文档的创建和保存

新建 Word 空白文档。

【任务 1】使用 Word 2010 提供的"主页"|"样本模板"中的"基本简历"文稿模板创建新的文档文件,在"键入您的目标职位"栏目中输入内容为"财务总监",并保存为"素材 1-使用模板.docx"。

【提示】Word 除了可以创建通用型的空白文档模板之外,Word 2010 还内置了多种文档模板,如博客文章模板、书法字帖模板、样本模板等。另外 office.com 网站还提供了证书、奖状、名片、简历等特定功能模板。借助这些模板,用户可以创建比较专业的 Word 2010 文档。

操作步骤如下:

①单击"文件"按钮,然后单击"新建"命令。

②如图 2.4 所示,在打开的"新建"面板中,单击"主页"|"样本模板"中的"基本简历"文稿模板,在"新建"面板右侧选中"文档"单选框,然后单击"创建"按钮。

③打开使用选中的模板创建的文档,用户可以在该文档中进行编辑。

4．选择、复制、移动和删除文本

（1）选择文本

使用鼠标选择文本通常有以下 4 种方法:

• 选择任意数目的文本。使用鼠标左键在要选择的文本上拖曳鼠标指针,到目标处释放鼠标,即可选择任意数目的文本。如果按住键盘"Ctrl"键同时拖曳鼠标,可以选定不连续的文本区域。如果要选定文字跨多页,可以通过垂直滚动条或者鼠标滚轮定位到指定位置后,按住键盘"Shift"键同时,在需要结束选定位置按下鼠标左键,则选定从光标开始处到结束位置的所有内容。

• 选择一行文本。将鼠标光标移动到行的左侧空白处,在光标变为右向箭头 ⤢ 后单击,即

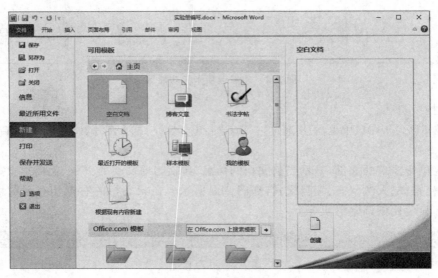

图 2.4 "新建"面板

可选中当前行文本。

- 选择一段文本。将鼠标光标移动到段落左侧空白处,在光标变为右向箭头后双击鼠标左键,即可选中当前段落。
- 选择整篇文本。将鼠标光标移动到任意文本的左侧空白处,在指针变为右向箭头后连击 3 次鼠标左键,即可选择整篇文本。另外也可以通过组合键"Ctrl+A"来选定整篇文档。

(2)复制选定的文本

复制文本有以下几种方法:

- 选择需要复制的文本,按"Ctrl+C"组合键,在目标位置处按"Ctrl+V"组合键。
- 选择需要复制的文本,在"开始"选项卡的"剪贴板"组中,单击"复制"按钮,在目标位置处单击"粘贴"按钮。
- 选择需要复制的文本,按右键拖动到目标位置,松开鼠标后弹出一个快捷菜单,在其中选择"复制到此位置"命令。
- 选择需要复制的文本,右击,在弹出的快捷菜单中选择"复制"命令;在目标位置处右击,在弹出的"粘贴"选项中选择要粘贴的方式。

(3)移动选定的文本

移动文本有以下几种方法:

- 选择需要移动的文本,按"Ctrl+X"组合键,在目标位置处按"Ctrl+V"组合键。
- 选择需要移动的文本,右击鼠标,在弹出的快捷菜单中选择"剪切"命令,在目标位置处右击鼠标,在弹出的"粘贴选项"中选择要粘贴的方式。
- 选择需要移动的文本,在"开始"选项卡的"剪贴板"组中,单击"剪切"按钮,在目标位置处,单击"粘贴"下拉按钮,将会出现如图 2.5 所示的列表,单击其中的"选择性粘贴"命令,选择所要粘贴的形式,单击"确定"按钮即可。

图 2.5 "粘贴"选项

• 选择需要移动的文本,按鼠标右键拖动到目标位置,松开鼠标后弹出一个快捷菜单,在其中选择"移动到此位置"命令。

• 选择需要移动的文本,按住鼠标左键拖动文本,此时出现一条虚线,移动鼠标光标,当虚线移动到目标位置时,释放鼠标,即可将文本移动到目标位置。如果在上面拖动文本的过程中,同时配合 Ctrl 按键,则鼠标箭头旁边会出现一个小加号,此时在目标位置松开鼠标可以完成文本的复制。

(4)删除选定的文本块

删除文本的方法如下:

• 选中需要删除的文本,按"Delete"键即可删除选定的文本。

• 按"Delete"键可以删除光标右侧的文本,按"Backspace"键可以删除光标左侧的文本。

• 选择要删除的文本,在"开始"选项卡的"剪贴板"组中,单击"剪切"按钮。

5. 查找和替换

在一篇较长的文本中查找某个特定的内容,或者将查找到的内容替换为其他内容,是项烦琐又容易出错的工作。此时可以借助 Word 2010 提供的强大的查找和替换功能,既可以查找和替换文本、指定格式、特殊标记(如制表符、段落标记等),也可以查找和替换单词的各种形式,而且还可以使用通配符简化查找。进行查找和替换有以下两种方法:

方法一:使用"导航"窗格查找文本。

单击"开始"选项卡,然后在"编辑"组中单击 🔍 查找(F) 按钮,在打开的"导航"窗格的"搜索文档"编辑框中输入需要查找的内容,在下方的列表中可以浏览文档的标题、页面和搜索结果。

方法二:使用"查找和替换"对话框完成。

单击"开始"选项卡,然后在"编辑"组中单击"查找"下拉按钮,从弹出的下拉菜单中选择"高级查找"命令 🔍 高级查找(A)…,即可打开"查找和替换"对话框。

【任务 2】请打开"素材 2-查找和替换.docx",完成以下操作并保存文件。

将文档中所有的文字为"海豚"的词组替换其内容为"鱼类",且字体颜色设置为标准色绿色,小三号字。

【提示】本章所有素材在本书配套文件内的"Word"文件夹下。

操作步骤如下:

①单击"开始"选项卡,在"编辑"组中单击"查找"下拉按钮,从弹出的下拉菜单中选择"高级查找"命令 🔍 高级查找(A)…,即可打开"查找和替换"对话框。

②切换到"替换"选项卡,在"查找内容"框中输入"海豚",然后把光标定位在"替换为"框内并输入"鱼类"。此时确保光标定位在"替换为"后面的框内,再单击下方的"格式"下拉按钮,设置字体为标准色绿色、小三。最后单击"全部替换"按钮。设置界面如图 2.6 所示。

【提示】在设置字体颜色时,用户可以将鼠标短暂停留在弹出的"主题颜色"对应颜色块上,系统将会显示该颜色块对应的颜色标签。

6. 字数统计

在 Word 2010 中,字数统计的结果会直接显示在状态栏中,页数统计结果也直接显示在状态栏中,使统计工作更加方便。

若要获得更为详细的统计信息,可在 Word 2010 的"审阅"选项卡中,单击"校对"组中的

"字数统计"按钮来打开"字数统计"对话框,如图 2.7 所示,其中的"页数"表示当前文档的总页数,"字数"表示中文字符数,"字符数(不计空格)"表示中文、英文两类文字字数的总计。

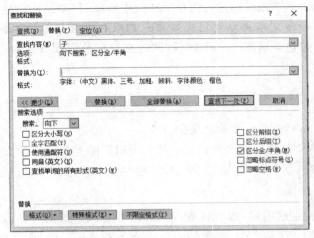

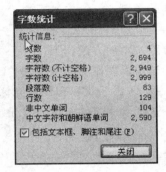

图 2.6　"查找和替换"对话框

图 2.7　"字数统计"对话框

7. 拼写和语法检查

如果在文档中存在系统认为的拼写或语法错误,Word 会以绿色或红色波浪线将其标识出来,当然,有些时候所标记的内容也可能并没有错误,毕竟 Word 的拼写和语法检查功能有限。若要使用这项功能,可单击"审阅"选项卡"校对"组中的"拼写和语法"按钮,打开如图 2.8 所示的"拼写和语法"对话框,用户可以在该对话框内对所标记出的错误,逐项加以更正或确认。

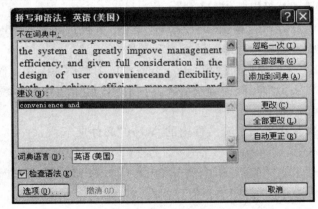

图 2.8　"拼写和语法"对话框

8. 设置文本格式

设置文本格式的基本方法有两种:一种是利用"开始"选项卡中的"字体"组进行设置,另一种是利用"字体"对话框进行设置。

方法一:利用 Word 2010 窗口的功能区中"开始"选项卡内"字体"组中的命令按钮实现简单的字体格式设置。如图 2.9 所示。

方法二:利用"字体"对话框进行设置。选择"开始"选项卡,单击"字体"组内的对话框启动器 ,打开"字体"对话框,如图 2.10 所示。

图 2.9　"开始"选项卡下的"字体"组

图 2.10　"字体"对话框

9. 设置段落格式

段落格式化就是通过控制段落的对齐方式、缩进、段落编号、边框、底纹、段落间距等方法以改善段落的外观。

(1)段落的对齐方式

Word 2010 提供了 5 种对齐方式,它们分别是:左对齐、居中对齐、右对齐、两端对齐、分散对齐,一般默认为两端对齐方式。

两端对齐:使段落每行的首尾对齐,如果行中字符的字体和大小不一致,它将使字符间距自动调整,以维持段落的两端对齐,但对未输入满的行则保持左对齐。

左对齐:使文本向左对齐,但是当各行中的字符大小不一致的时候,右侧是不对齐的。

右对齐:使文本向右对齐,在信函和表格处理中很有用,如日期经常需要右对齐。

居中对齐:指段落的每一行距离页面的左右边距的距离相同,如标题常设置为居中对齐。

分散对齐:使段落中的各行文本等宽,对未输入满的行平均分配字符间距;分散对齐方式多用于一些特殊场合,如当姓名字数不相同时就常使用分散对齐方式。

设置段落的对齐方式有两种方法:

方法一:使用"开始"选项卡下"段落"组(图 2.11)中的相关命令按钮设置段落对齐方式。

方法二:利用"段落"对话框进行设置。选择"开始"选项卡,单击"段落"组内的对话框启动器🔲,打开"段落"对话框,如图 2.12 所示。

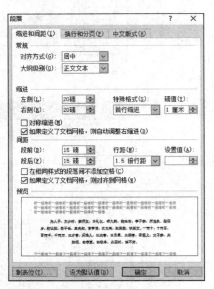

图 2.11　"开始"选项卡下的"段落"组　　　　　图 2.12　"段落"对话框

(2)段落的缩进

段落的缩进是指段落的左右边界与页边距的距离。页边距是指页面之外的空白区域。Word 2010 为用户提供了 4 种段落缩进方式,分别是左缩进、右缩进、首行缩进和悬挂缩进。

设置段落缩进的方法有两种:

方法一:在水平标尺上拖动缩进标记。

在 Word 2010 窗口中,单击功能区中"视图"选项卡,在"显示"组中单击"标尺"复选框,或者单击位于垂直滚动条上方的"标尺"按钮🔲,即在窗口中显示标尺。在水平标尺上有几个小滑块就是用来调整段落的缩进量的,如图 2.13 所示。

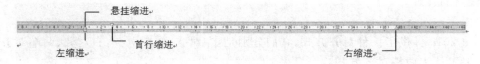

图 2.13　水平标尺

各滑块的功能如下。

左缩进:控制段落的左侧相对于左页边距的距离。

右缩进:控制段落的右侧相对于右页边距的距离。

首行缩进:控制段落的第一行相对于段落左侧的距离,如一般的文档都规定段落首行缩进两个字符。

悬挂缩进:控制段落的首行以外的各行相对于左页边距的缩进量,悬挂缩进常用于参考条目、词汇表项目、简历和项目符号以及编号列表中。

方法二:利用"段落"对话框(图 2.12)的"缩进和间距"选项卡精确设置缩进量。

（3）段落间距的设置

段落间距是指文档中段落与段落之间的距离，包括段前间距和段后间距。

设置段落间距的方法：在"段落"对话框（图 2.12）的"缩进和间距"选项卡的"间距"选区中进行设置。

（4）设置行距

行距是指文档内部行与行之间的垂直距离。

设置段落行距的方法：在"段落"对话框（图 2.12）的"缩进和间距"选项卡的"间距"选区中，通过"行距"下拉列表框进行选择。

10."首字下沉"和"分栏"

（1）首字下沉

首字下沉是报刊中较为常用的一种文本修饰方式，使用该方式可以很好地改善文档的外观。在 Word 2010 中，首字下沉共有两种方式：普通下沉和悬挂下沉。

设置首字下沉的方法：

将光标放入需要设置首字下沉的自然段，单击"插入"选项卡的"文本"组中"首字下沉"按钮，在弹出的快捷菜单中选择"首字下沉选项"命令，按实际需要进行设置。

（2）分栏

报刊的页面经常被分为多个栏目。这些栏目有等宽的，也有不等宽的，从而使得整个页面布局显得错落有致，更易于阅读。把文档分栏后，Word 会在分栏的段落前后各加上一个分节符，用户需要把每一栏作为一节来对待，这样就可以对每一栏单独进行格式化和版面设计。

设置分栏的方法：

选中要进行分栏排版的段落（可以是一个或多个段落），单击"页面布局"选项卡中"页面设置"组的"分栏"按钮，在弹出的菜单中选择"更多分栏"命令，打开"分栏"对话框按需要进行设置。

【提示】有时进行分栏操作后，会发现文字全部集中在左侧一栏，而右侧一栏空白的现象。这时候只需要在左侧栏最末尾插入一个"分节符"即可。

11. 设置文字/段落的边框和底纹

可以为文档中某些重要的文本或段落增设边框和底纹，边框和底纹以不同的颜色显示，能够使这些内容更加引人注目，外观效果更加美观，更能起到突出和醒目的显示效果。边框是围在文本或段落四周的框（不一定是封闭的），底纹是指用背景颜色填充一个段落或部分文本。

为文本或段落设置边框和底纹的方法：

①选择将要添加边框和底纹的文本或段落内容。

②单击"开始"选项卡"段落"组中"边框和底纹"按钮□·下拉菜单中的"边框和底纹"命令 □ 边框和底纹(O)…，打开"边框和底纹"对话框。

【提示】默认情况下，"开始"选项卡"段落"组中显示的是"下框线"按钮 ▦·，只需要点击其右侧向下小箭头即可看到"边框和底纹"命令。

③在"边框"选项下，在"设置""样式""颜色"和"宽度"等列表框中选定合适的参数。在"应用于"列表中选定为"文字"或"段落"，即可针对所选择的文字或段落添加边框。

④另外，添加底纹的方法是：在"边框和底纹"对话框的"底纹"选项中采用类似上述操作，在选项卡中选定底纹的颜色和图案；在"应用于"列表中选定为"文字"或"段落"；在"预览框"中

查看结果,确认后单击"确定"按钮。

【任务 3】请打开"素材 3-段落边框和底纹 .docx",完成以下操作并保存文件。

为文档第二段(内容含"西汉南越王博物馆耸立于……")设置边框和底纹为:1.5 磅、标准浅蓝色、双实线边框,底纹为自定义颜色(红色 255,绿色 255,蓝色 153),边框和底纹应用于段落。

【提示】①选中第二段,在"开始"选项卡"段落"组,单击黑色箭头 ,选择"边框和底纹(O)…"命令,按题意设置边框。

②在"底纹"选项卡下,选择"填充"下的"其他颜色"。如图 2.14 所示。

③注意,边框和底纹按题意要应用于段落:应用于(L) 。

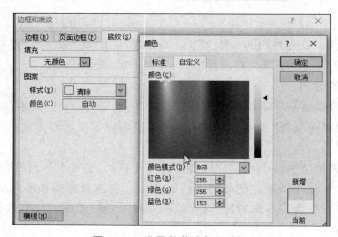

图 2.14　设置段落边框和底纹

【任务 4】请打开"素材 4-文字边框和底纹 .docx",完成以下操作并保存文件。

为文档第一段标题"黄山"设置边框和底纹,设置边框宽度为 1.5 磅、标准色绿色的双实线方框,应用于文字;底纹填充色为标准色绿色,应用于文字。

【提示】边框和底纹按题意要应用于文字。

12. 设置项目符号和编号

Word 提供了项目符号和编号功能,可以使用"项目符号"和"编号"按钮去设置项目符号、编号和多级符号。在描述并列或有层次性的文档时需要用到项目符号和编号,它可以使文档的层次分明,内容醒目,更有条理性,便于人们阅读和理解。

(1)添加项目符号的 3 种方法

方法一:为选定段落快速添加项目符号。

选中需要添加项目符号的一个或多个段落,单击"开始"选项卡中"段落"组的"项目符号"下拉按钮 ,然后在展开的项目符号库中选定指定符号即可。

方法二:自动创建项目符号。

项目符号在输入时可以自动创建,具体步骤如下:

在段前先输入一种项目符号,然后再输入一个空格(或其他字符),此时就自动创建了项目符号。输入任何所需文字按下"Enter"键。这时 Word 会自动在下一段的段首也插入相同的项目符号,以后每次按下"Enter"键创建新的段落时都会自动在下一段的段首添加一个项目符号。要结束项目符号列表时,按下"BackSpace"键删除列表中的最后一个项目符号即可。

方法三:使用对话框设置项目符号。

若当前的项目符号库中不存在所需的项目符号,则可以如下操作:

单击"开始"选项卡"段落"组中"项目符号"下拉按钮☰·,从下拉列表中选择"定义新项目符号"命令,打开"定义新项目符号"对话框。

单击"符号"按钮打开"符号"对话框,在"字体"下拉列表框 字体(F): Wingdings ▼

中选择需要的字体,单击选中该字体下的一种符号,按"确定"即可应用所选的项目符号。

(2)添加项目编号

项目编号是一种数字类型的连续编号。添加项目编号的方法也有三种:操作方法与添加项目符号的方法类似。

(3)添加多级列表

当文档的内容较多时,为了便于读者翻阅,通常都会使用多级列表,将文档分割成章、节、小节等多个层次。例如,常见的出版书籍都由多个章组成,每一章又由若干小节组成,这样读者想要查阅内容时,翻到对应的章节即可。应用多级列表,可以清晰地表现复杂的文档层次。在 Word 中可以拥有 9 个层级,在每个层级里面可以根据需要设置不同的形式和格式。

为段落设置多级列表的方法是:

方法一:使用列表库中的多级列表样式添加。

①在添加多级列表前,首先设置好文档的缩进方式,即:按照级别的顺序依次设置各级别的缩进,而且相同级别的内容应设置为相同的缩进。可以在选择一级项目后,按下 Tab 键依次对段落进行缩进。

②然后选择"开始"选项卡"段落"选项组中的"多级列表"下拉按钮⁻☰,在"列表库"中选择一种需要的列表样式。

方法二:自定义多级列表。

如果"列表库"中没有用户需要的列表,可以在"多级列表"下拉菜单中选择 定义新的多级列表(D)… 命令,打开"定义新多级列表"对话框,然后根据需要设置编号格式和位置。

【任务 5】请打开"素材 5-多级列表.docx",完成以下操作并保存文件。

A. 按图 2.15 所示设置项目符号和编号,一级编号位置为左对齐,对齐位置为 0 厘米,文本缩进位置为 0 厘米;

B. 二级编号位置为左对齐,对齐位置为 1 厘米,文本缩进位置为 1 厘米。

【提示】①首先选中所有二级编号段落,然后按键盘上的 Tab 键,使所有二级标题段落增加缩进量(注:此步骤中,如果不按 Tab 键,也可以单击两次"开始"|"段落"组中的"增加缩进量"按钮☲)。二级标题增加缩进量之后的界面如图 2.16 所示。

②然后再选中标题下面的所有段落内容(即:选中所有一级编号和二级编号内容)。选择"开始"选项卡"段落"选项组中的"多级列表"下拉按钮⁻☰,单击箭头选择"定义新的多级列表(D)…"命令。

③单击级别"1",设置一级编号的样式和缩进距离;再单击级别"2",设置二级编号的样式和缩进距离。设置如图 2.17 和图 2.18 所示。

冬瓜尾骨汤的菜谱

1. 选料

A. 冬瓜 110 克，猪尾骨 150 克，生姜 1 片，葱 1 根，鸡精

匙。

2. 制法

A. 葱洗净，切段；姜洗净；冬瓜洗净，去皮，切薄块。

B. 猪尾骨洗净，切小块，放入开水中汆烫，捞出。

C. 锅中倒入 4 杯水煮开，放入猪尾骨、姜丝、葱段煮 20 分

最后再加入鸡精 1 小匙、盐、香油各 1/2 小匙即可

3. 特点

A. 瓜软，肉香，汤醇。

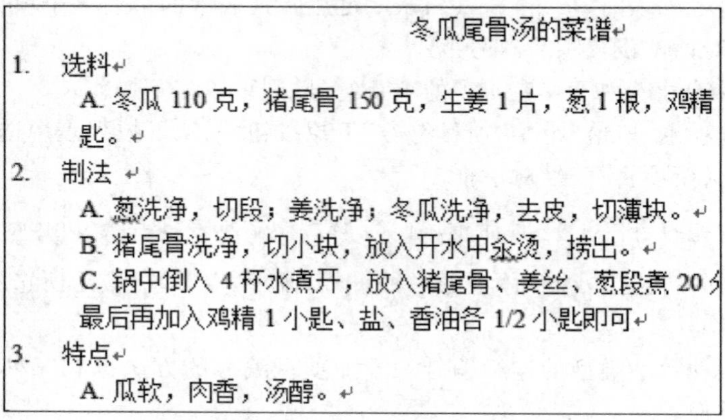

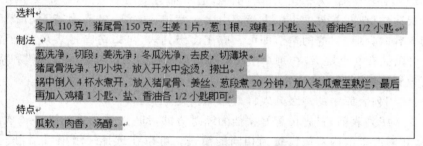

图 2.15　添加“多级符号”样张

选料

冬瓜 110 克，猪尾骨 150 克，生姜 1 片，葱 1 根，鸡精 1 小匙、盐、香油各 1/2 小匙。

制法

葱洗净，切段；姜洗净；冬瓜洗净，去皮，切薄块。

猪尾骨洗净，切小块，放入开水中汆烫，捞出。

锅中倒入 4 杯水煮开，放入猪尾骨、姜丝、葱段煮 20 分钟，加入冬瓜煮至熟烂，最后再加入鸡精 1 小匙、盐、香油各 1/2 小匙即可

特点

瓜软，肉香，汤醇。

图 2.16　为二级标题增加缩进量之后的界面

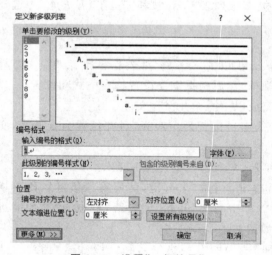

图 2.17　设置“一级编号”

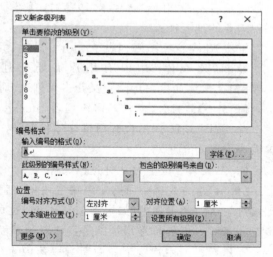

图 2.18　设置“二级编号”

【任务 6】请打开“素材 6-多级列表 . docx”，完成以下操作并保存文件。

A. 将项目编号样式为 A,B,C…项的起始编号值设置为 E；

B. 为文档最后四个段落插入项目符号，符号字体 Wingdings2，字符代码 63，增加缩进量一次。效果如图 2.19 所示。

【提示】①选中标有编号"A、B"的两个段落,然后在"开始"选项卡"段落"组中,单击编号按钮旁的下拉箭头,选择"设置编号值",使所选段落编号从 E 开始编号。如图 2.20 所示。

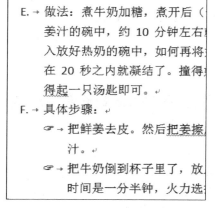

图 2.19 设置"项目符号和编号"样张   图 2.20 设置段落起始编号

②选中文档最后四个段落,然后在"开始"选项卡"段落"组中,单击项目符号按钮旁的下拉箭头,选择"定义新项目符号(D)…",单击"符号"按钮,完成设置。最后,选中文档最后四个段落,在"段落"组中单击增加缩进量按钮一次即可。

13. 复制和清除格式

在编辑文档时,会出现多个段落或页面需要设置成相同格式的情形,此时可以使用复制格式操作来实现。如果需要取消设置的格式,则可以使用清除格式操作。

(1)复制格式

使用"格式刷"按钮可以快速地将某部分文本的格式复制给其他文本,操作步骤为:

①选中所需要格式的文本内容。

②单击"开始"选项卡,在"剪贴板"组中,单击"格式刷"按钮,此时鼠标指针会变成一把小刷子。

③用小刷子形状的鼠标指针选中需要此格式的文本内容,即可完成格式的复制。

(2)清除格式

使用"清除格式"按钮,可以清除文本中的格式,操作步骤为:

①选中需要清除格式的文本内容。

②单击"开始"选项卡,在"字体"组中单击"清除格式"按钮,即可清除所选文本的格式。

14. 样式

在 Word 里,样式是指一组已经命名的字符或段落格式,是文档中的一系列格式的组合,包括了字符格式、段落格式及边框和底纹等。Word 自带有一些书刊的标准样式,如正文、标题、副标题、强调、要点等,每一种样式所对应的文本段落的字体、段落格式等有所不同。

样式的操作有:查看样式、创建样式、修改样式和应用样式。应用样式时,只需要单击操作就可对文档应用一系列的格式。因此利用样式,可以融合文档中的文本、表格的统一格式特征,得到风格一致的格式效果,它能迅速改变文档的外观,节省大量的操作。样式与文档中的标题和段落的格式设置有较为密切的联系。在 Word 中提供了字符样式和段落样式。样式的应用和设置在"开始"选项卡的"样式"组和"样式"任务窗格中进行。

(1)新建样式的方法

选择"开始"选项卡,单击"样式"组中的对话框启动器,在打开的"样式"任务窗格(图2.21)中单击"新建样式"按钮,在打开的"根据格式设置创建新样式"对话框中,可以单击左下方的"格式"下拉按钮,设置"新建样式"中所需的各种格式,比如使用"字体"和"段落"选项(图2.22)。

图 2.21　"样式"任务窗格

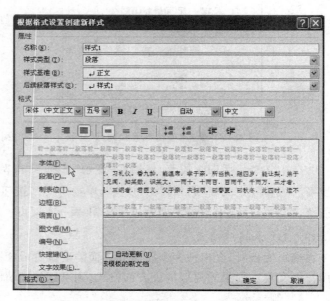

图 2.22　根据格式设置创建新样式对话框

(2)使用样式

①使用内置样式:选择需要应用样式的文本,然后选择"开始"选项卡,单击"样式"组中的"其他"下拉按钮(图2.23),即可在弹出的面板中选择所需的样式,如图2.24所示。

图 2.23　"样式"组中的"其他"下拉按钮

图 2.24　选择需要应用的样式

②使用自定义样式:选择需要应用样式的文本,单击"样式"选项组中的"其他"下拉按钮,在弹出的面板中选择"应用样式"命令 应用样式(A)...,然后在打开的"应用样式"面板中单击"样

式名"下拉按钮,即可在弹出的下拉菜单中选择一种自定义的样式。

（3）修改样式

在设置文本格式的过程中,如果存在着不符合要求的样式,用户可以对该样式进行修改,以便能够继续使用。修改样式的方法是:在"开始"选项卡"样式"组中,单击"其他"下拉按钮,使用鼠标右键单击需要修改的样式,在弹出的菜单中选择"修改"命令（图 2.25）,在打开的"修改样式"对话框中可以重新设置样式的格式,如图 2.26 所示。

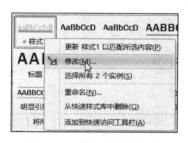

图 2.25　选择"修改"命令

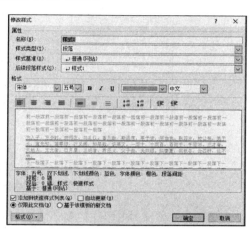

图 2.26　修改样式对话框

（4）删除样式

在设置文档版式的过程中,样式过多会影响样式的选择,用户可以将不需要的样式从样式列表中删除,以便对有用的样式进行选择。删除样式的方法是:单击"样式"选项组中"其他"下拉按钮,在弹出的列表框中使用鼠标右击需要删除的样式,然后在弹出的菜单中选择"从快速样式库中删除"命令,即可将指定的样式删除。

【任务 7】请打开"素材 7-使用样式.docx",完成以下操作并保存文件。

A. 建立一个名称为白云山的新样式。新建的样式类型为段落,样式基于正文,其格式为:标准色浅蓝色、华文楷体、二号字体、加粗,字符间距加宽 2 磅;对齐方式居中,1.5 倍行距;

B. 将该样式应用到文档第一段。

【提示】

①对"A"要求:选择"开始"选项卡,单击"样式"组中的对话框启动器 ,在打开的"样式"任务窗格中单击"新建样式"按钮 ,输入新建样式名为"白云山",单击左下方的"格式"下拉按钮 格式(O)▾ ,选择"字体"命令,设置"新建样式"中所需的各种格式。如图 2.27 所示。

②对"B"要求:选择文档第一段,再单击样式库中的"白云山"用户自定义样式,即可将"白云山"样式应用到第一段。

15. 创建目录

目录是长文稿必不可少的组成部分,由文章的章、节的标题和页码组成。为文档建立目录,建议读者最好利用标题样式,先给文档的各级目录指定恰当的标题样式。

【任务 8】请打开"素材 8-创建目录.docx",完成以下操作并保存文件。

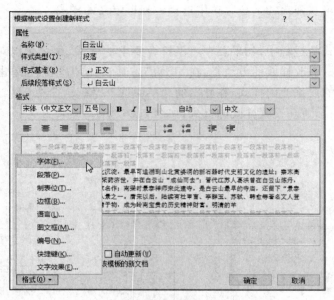

图 2.27　创建新样式对话框

　　在第三段空白处给文档中应用"A 样式"的段落创建 1 级目录,目录中显示页码且页码右对齐,制表符前导符为短截线"……"。

　　【提示】把光标放在文档第 3 段空白处,在"引用"选项卡下,选择"目录"按钮,单击"插入目录(I)…"命令,按题意选择相应的制表符前导符,单击"选项"按钮,设置把"A 样式"作为一级目录进行提取。如图 2.28 所示。

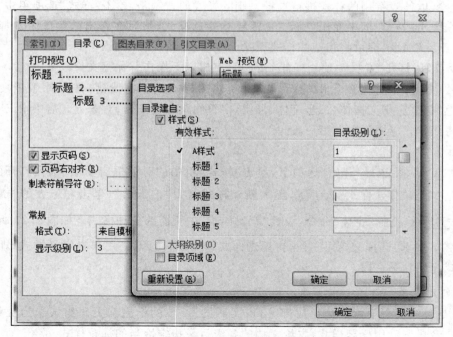

图 2.28　把应用"A 样式"的段落提取为 1 级目录

【任务 9】请打开"素材 9-创建目录.docx",完成以下操作并保存文件。

在第二段空白处给文档中应用"标题 3"样式的段落创建 1 级目录,目录中显示页码且页码右对齐。

【提示】打开素材文档,用鼠标单击第二段,目录选项对话框设置如图 2.29 所示。

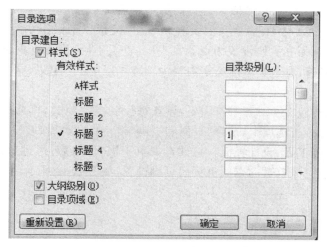

图 2.29 把应用"标题 3"样式的段落提取为 1 级目录

16. 设置页眉、页脚和页码

(1)添加页眉页脚

页眉和页脚通常用于显示文档的附加信息,如页码、日期、作者名称、单位名称、徽标或章节名称等,其中页眉位于页面顶部,页脚位于页面底部。Word 2010 可以为文档的每一页建立相同的页眉页脚,也可以在奇数页和偶数页上分别建立不同的页眉页脚。

①设置页眉页脚的方法如下:

单击"插入"选项卡中"页眉和页脚"组的"页眉"按钮,在弹出的快捷菜单中选择"编辑页眉"命令,激活页眉,此时即可进行在页眉处输入文本、插入图形对象、设计边框和底纹等操作。同时,会打开"页眉和页脚工具"的"设计"选项卡,如图 2.30 所示。页眉和页脚添加完成后,单击"页眉和页脚工具"的"设计"选项卡中"关闭页眉和页脚"按钮返回。

②设置奇偶页不同或者首页不同的页眉页脚的方法:

在"页眉和页脚工具"的"设计"选项卡下选择 □奇偶页不同 或者□ 首页不同复选框进行控制。

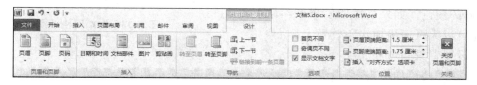

图 2.30 "页眉和页脚工具"的设计选项卡

(2)添加页码

页码是为文档每页所编的号码,便于阅读和查找。页码一般添加在页眉或页脚中。也可以添加到其他地方。插入页码的一般方法如下:

单击"插入"选项卡中"页眉和页脚"组的"页码"按钮,在弹出的下拉菜单中选择"设置页码格式"命令,打开如图2.31所示的"页码格式"对话框。在对话框的"编号格式"下拉列表框中选择页码格式。

另外还可以在该对话框中选中"包含章节号"复选框,可以在添加的页码中包含章节号;在"页码编号"选项区域中,还可以重新设置页码的起始值。

【任务10】请打开"素材10-设置页眉页脚.docx",完成以下操作并保存文件。

A. 请将文档的页眉和页脚设置为奇偶页不同、首页不同,设置首页页脚文字内容为单丛茶是一种汉族传统名茶,奇数页页眉文字内容为别称凤凰单丛,偶数页页眉文字内容设置为适宜人群:中老年;

B. 设置文档网格为文字对齐字符网格,设置每行字符数为38,每页行数为40。

【提示】①选择"插入"选项卡,选择"页眉和页脚"组,单击"页眉"按钮下方箭头,选择"编辑页眉",进入"页眉页脚工具"设计界面,勾选"奇偶页不同"。然后,通过单击"上一节、下一节、转至页脚、转至页眉"完成首页和奇偶页页眉页脚设置,如图2.32所示。

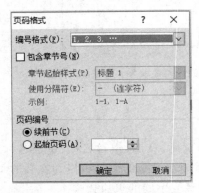

图2.31　"页码格式"对话框

图2.32　页眉页脚设置按钮

②选择"页面布局"选项卡,单击"页面设置"组右下角的对话框启动器，进入"页面设置"对话框,选择"文档网格"选项卡,设置如图2.33所示。

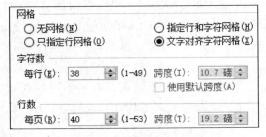

图2.33　文档网格设置

17. 文档背景设置和页面边框

在Word中用户可以为页面添加背景,并设置不同的颜色。如果有需要发布到网站上的信息,还可以为页面添加水印效果。

(1)设置背景颜色和底纹

为了使文档更加美观,可以为文档背景做颜色填充,其中包括单色填充、渐变色填充以及图案填充等。设置页面背景颜色的方法是:选择"页面布局"选项卡,在"页面背景"选项组中单击"页面颜色"按钮,在弹出的菜单中选择一种颜色作为页面背景色;除了单色背景,还可以选择"填充效果"命令,在其中可以设置渐变、纹理、图案和图片4种填充效果。

(2)设置水印

当文档中含有一些不希望别人复制的信息,但又必须发布的时候,可以在页面中添加背景色和水印效果。

　　在文档中设置水印的方法是：选择"页面布局"选项卡，在"页面背景"选项组中单击"水印"按钮，在弹出的下拉菜单中可以选择一种预设水印样式，比如选择"严禁复制1"（图2.34）；也可以选择"自定义水印"命令，即可打开"水印"对话框（图2.35），选择"图片水印"或"文字水印"可以为文档背景添加图片水印或文字水印。

　　删除水印的方法是：选择"页面布局"选项卡中"页面背景"组，单击"水印"按钮，在弹出菜单中选择"删除水印"命令　删除水印(R)，删除水印效果。

图 2.34　"水印"样式

图 2.35　"水印"对话框

　　（3）设置页面边框

　　单击"页面布局"选项卡，在"页面背景"选项组中单击"页面边框"按钮，可以为文档设置页面边框。

　　18. 修订与批注

　　在 Word 2010 中，可以使用批注和修订功能对文档进行修改，该功能可以实现多人对同一文档的修改，以便协同工作。在审阅文档时，审阅者如果要对文档提出修改意见，可以通过添加批注的形式来进行。添加批注后可以将修改意见与文档一起保存，以方便作者对文稿的修改。批注是审阅者添加到独立的批注窗口中的文档注释或者注解。当审阅者只是评论文档，而不直接修改文档时要插入批注，因为批注并不影响文档的内容。修订是对文档进行修改，它是在修改的同时对修改的内容加以标记，让其他人了解修改了文中的哪些内容。修订工具能把文档中每一处的修改位置标注起来，可以让文档的初始内容得以保留。同时，也能够标记由多位审阅者对文档所做的修改，让作者轻易地跟踪文档被修改的情况。

　　（1）为文档添加批注的方法

　　选择要添加批注的文本，选择"审阅"选项卡，在"批注"选项组中单击"新建批注"按钮，在窗口右侧将弹出批注框，可以在其中输入批注内容。输入了批注文字后，单击外侧的空白区域，则可确认此次添加的批注，批注框将以浅红色显示，从批注框到文本之间的直线也变为虚线。如图2.36所示。

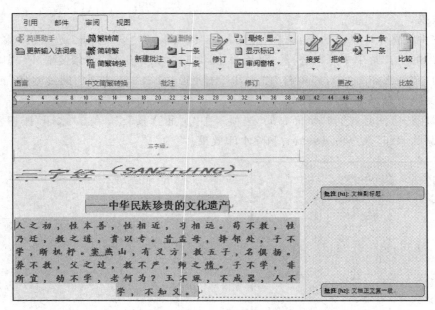

图 2.36 为文档添加批注

（2）修订文档的方法

打开需要进行修订的文档，然后选择"审阅"选项卡，在"修订"选项组中单击"修订"按钮，再单击"修订"按钮右侧的"显示标记"按钮，在其下拉菜单中选择"批注框"｜"在批注框中显示修订"命令，如图 2.37 所示。这时文档进入修订状态，当用户对文档内容进行插入、删除或修改时，就会在右侧显示用户所作改动留下的记录，如图 2.38 所示。

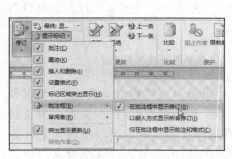

图 2.37 选择命令

图 2.38 修订文档

【任务 11】请打开"素材 11-修订和批注 .docx"，完成以下操作并保存文件。

A. 请对文档的两处修订进行操作，拒绝对文本删除的修订，接受增加文本的修订；

B. 打开修订功能，将黄色底纹的文字删除，关闭修订功能。

【提示】①打开文档，右击对删除内容的修订，选择"拒绝删除"，如图 2.39 所示。对蓝色的插入内容，右击选择"接受插入"，如图 2.40 所示。

②打开修订功能，使文档进入修订状态，当用户对文档内容进行插入、删除或修改时，就会在右侧显示用户所作改动留下的记录。打开修订状态后，删除黄色底纹的文字（会留下修订痕迹）。然后再单击"修订"命令，取消修订状态，如图 2.41 所示。

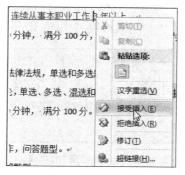

图 2.39　选择"拒绝删除"命令　　　图 2.40　选择"接受插入"命令　　　图 2.41　"修订"命令

【任务 12】请打开"素材 12-超级链接.docx",完成以下操作并保存文件。

A. 选中最后一段"上海光源"四个字,添加超链接,链接地址为 http://ssrf.sinap.ac.cn/;

B. 打开修订功能,将第 2 段中的文字"朝右"改为"超铀",关闭修订功能。

【提示】①选中"上海光源"四个字,右击选择"超链接"(或者"插入"选项"链接"组的"超链接"按钮)。如图 2.42 所示。

②参考"任务 11"的提示。

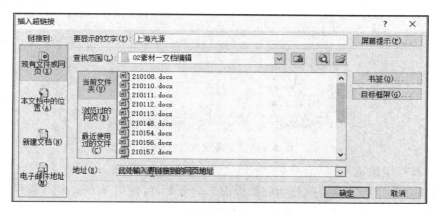

图 2.42　插入"超链接"对话框

【注意】选择"审阅"选项卡的"校对"选项组中的"字数统计"命令可以统计字数;选择"审阅"选项卡的"中文简繁转换"选项组可以实现简繁字体转换。

19. 页面设置、打印及打印预览

(1)页面设置

编辑字符和段落文本只能影响到某个页面的局部外观,影响文档外观的另一个重要因素是页面设计,就是指确定文档的外观,包括页边距、纸张大小、纸张来源、文字在页面中的位置、版式、页眉版式、页面边框和背景等。文档最初的页面是按 Word 的默认方式设置的,Word 默认的页面模板是 Normal。为了取得更好的打印效果,要根据文稿的最终用途选择纸张大小、纸张使用方向是纵向还是横向、每页行数和每行的字数等。

页面设置有两种方法。

方法一:用"页面布局"选项卡中的"页面设置"组设置,如图 2.43 所示。

　　方法二：单击"页面布局"选项卡中"页面设置"组中的对话框启动器，打开"页面设置"对话框，在"页边距""纸张""版式""文档网格"4 个选项卡下进行设置，如图 2.44 所示。

图 2.43　"页面布局"选项卡的"页面设置"组

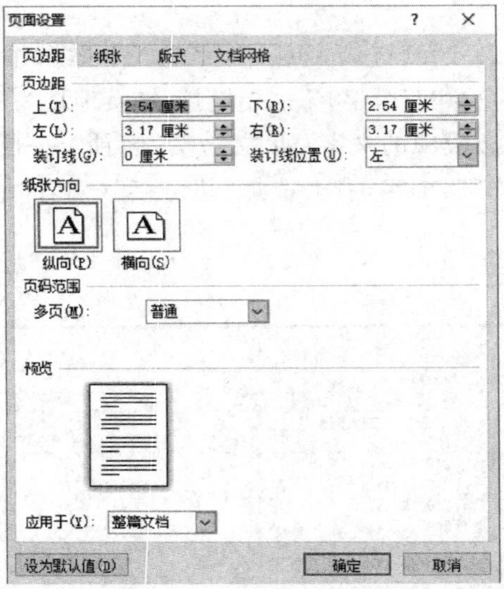

图 2.44　"页面设置"对话框

（2）打印和打印预览

　　若要快速查看当前文档实际打印时的版面布局效果，可使用 Word 2010 提供的打印预览功能。单击"文件"选项卡，在展开的下级菜单中选择"打印"命令，在右侧即可看到预览的效果，在左侧指定要打印的"页码范围"和"份数"，单击"打印"按钮即可开始打印。

实验二　表格的建立与编辑

一、实验目的

1. 掌握规范表格和自由表格的制作方法；
2. 熟练掌握表格的编辑以及格式化表格的各种方法；
3. 掌握对表格进行简单的数据处理及排序的方法；
4. 掌握由表格数据生成统计图的方法。

二、实验内容

1. 制作及绘制表格

在制作报表、合同文件、宣传单、工作总结以及其他各类文书时，经常都需要在文档中插入表格，以清晰地表现各类数据。Word 中可以使用鼠标拖曳、菜单命令、手工绘制和快速表格 4 种方法创建表格。

（1）鼠标拖曳法

步骤如下：

①将插入点定位到要创建表格的位置。

②单击"插入"选项卡，在"表格"组中单击"表格"按钮，在其下拉菜单移动鼠标让列表中的表格处于选中状态，此时列表上方将显示出相应的表格列数和行数，同时在 Word 文档中也将显示出相应的表格，单击鼠标左键即可创建选定列数和行数的空白表格。

（2）使用"插入表格"命令创建表格

步骤如下：

①将插入点定位到要创建表格的位置。

②选择"插入"选项卡中"表格"组，单击"表格"下拉框中的命令按钮 ▦ 插入表格(I)... ，打开如图 2.45 所示的"插入表格"对话框。

③在对话框中输入行数和列数，单击"确定"按钮。

（3）手工绘制表格

对于一些结构较复杂的表格可以采用手工绘制的方法，步骤如下：

①将插入点定位到要创建表格的位置。

②选择"插入"选项卡中"表格"组，单击"表格"下拉箭头，再单击 ☑ 绘制表格(D) 命令，鼠标指针变为笔形。

③先用鼠标指针从表格的一角拖曳至其对角画出外框，然后再绘制各行各列。如果要去掉某条框线，选择"表格工具"中"设计"选项卡中的"绘图边框"组"擦除"按钮，鼠标指针变为橡皮擦形，将其移到要擦除的框线上单击即可。

（4）快速表格

可以使用表格模板插入基于一组预先设好格式的表格，表格模板包含示例数据，可以帮助想象添加数据后表格的外观。创建快速表格的步骤如下：

①将插入点定位到要创建表格的位置。

②选择"插入"选项卡中"表格"组,单击"表格"下拉箭头,再单击 快速表格(T)命令,展开如图 2.46 所示的内置样式列表。

图 2.45　"插入表格"对话框

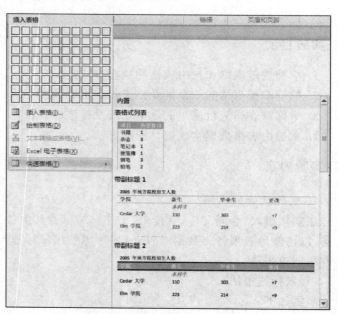

图 2.46　快速表格样式列表

③单击需要的表格样式。

④使用所需的数据代替模板中的数据。

2. 单元格的合并与拆分

合并单元格是将一组相邻的多个单元格合并为一个单元格。拆分单元格是将表格中的一个单元格拆分成多个单元格。

使用"表格工具"中的命令合并单元格的步骤如下:

①选中需要合并的多行多列单元格。

②选中"表格工具"的"布局"选项卡的"合并"组,单击"合并单元格"按钮;或者在右键弹出的快捷菜单中选择"合并单元格"命令,这时选中的多个单元格即可合并为一个单元格。

使用"表格工具"中的命令拆分单元格的步骤如下:

①选定要拆分的单元格。

②选中"表格工具"|"布局"选项卡的"合并"组,单击"拆分单元格"按钮,弹出"拆分单元格"对话框;或者在右键弹出的快捷菜单中选择"拆分单元格"命令,完成拆分。注意:如果选择了多个单元格,"拆分前合并单元格"复选框将处于可选状态,根据实际需要确定是否选定此项。

③在对话框的"列数"框和"行数"框中输入要拆分的列数和行数,单击确定按钮即可完成拆分。

3. 插入或删除单元格、行或列

(1)插入行或列

在表格中选定某行或某列,选择"表格工具"下"布局"选项卡中的"行和列"组(图 2.47),点击"在上方插入""在下方插入""在左侧插入"或"在右侧插入"等命令,即可在选定行或列的上、下、左或右侧插入行或列。

（2）插入单元格

在表格中选定需要插入单元格的位置,选择"表格工具"下"布局"选项卡中的"行和列"组中的对话框启动器,打开如图 2.48 所示的"插入单元格"对话框,根据需要选择相应的选项。

图 2.47　"布局"选项卡中的"行和列"组　　　图 2.48　"插入单元格"对话框

（3）删除单元格、行或列

在表格中选定某单元格,选择"表格工具"下"布局"选项卡中的"行和列"组,单击"删除"按钮下拉箭头,在级联菜单中选择相应的命令。

4. 行或列的复制和移动

选定要复制的行或列,单击鼠标右键,在弹出的快捷菜单中选择"复制"命令或"剪切"命令;再将光标定位到目标位置行或列的第一个单元格内,单击鼠标右键,在弹出的快捷菜单中选择"粘贴行"或"粘贴列"命令,新行或新列将出现在目标行的上方或目标列的左侧。

5. 设置行高、列宽

设置表格的行高和列宽有 3 种方法:

方法一:使用鼠标调整表格的行高和列宽。

把鼠标放在表格的框线上,鼠标指针会变成一个两边有箭头的双线标记,这时按下左键拖曳鼠标,就可以改变当前框线的位置,同时也改变了单元格的行高或列宽。

方法二:使用"表格工具"调整表格行高和列宽。

①首先选定整个表格或者选中表格中要调整高度和宽度的单元格。

②选择"表格工具"下的"布局"选项卡中"单元格大小"组中的"高度"或"宽度"框,调整行高值或列宽值。

【注意】

①在"自动调整"下拉列表中选择"根据内容调整表格"命令,表格单元格的大小都发生变化,仅能容下单元格中的内容。

②选择"根据窗口调整表格"命令,表格自动充满 Word 的整个窗口。

③选择"固定列宽"命令,表格框线的位置不会随表格内容的变化而发生变化。

④要使多行、多列或多个单元格具有相同的高度、宽度时,可先选定这些行、列或单元格,然后单击"表格工具"下的"布局"选项卡中的"单元格大小"组中的"分布行"或者"分布列"按钮,Word 将在选定的行、列或单元格之间平均分布高度或宽度。

方法三:使用"表格属性"调整表格行高和列宽。

①首先选定整个表格或者选中表格中要调整高度和宽度的单元格。

②选择"表格工具"下的"布局"选项卡中"表"组"属性"按钮或右击选定单元格并在弹出的快捷菜单中选择"表格属性"命令,打开如图 2.49 所示的"表格属性"对话框,它包括表格、行、

列、单元格和可选文字等 5 个选项卡。

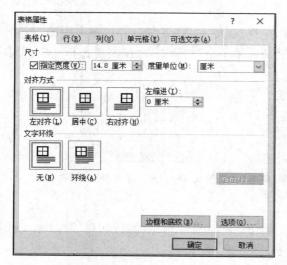

图 2.49　"表格属性"对话框

图 2.50　表格单元格内容的对齐方式

6. 设置表格内容的对齐方式

设置表格中文本对齐方式的操作步骤如下:

①选中整个表格或者选中表格中要设置对齐方式的单元格。

②单击"表格工具"下"布局"选项卡中"对齐方式"组中的 9 个按钮,如图 2.50 所示;或者在右键弹出的快捷菜单中选择"单元格对齐方式"命令,在下一级子菜单中选择某种对齐方式。

7. 表格的对齐和定位

在 Word 中,表格可以随意移动,并与文字形成不同的对齐及环绕方式。设置表格定位及对齐的方法是:

①单击位于表格左上角的表格选中标记选中整个表格。

②单击"表格工具"下"布局"选项卡中"表"组的"属性"按钮;或者右击表格并在弹出的快捷菜单中选择"表格属性"命令,打开"表格属性"对话框。

③在打开的"表格属性"对话框中单击"表格"标签,分别指定"对齐方式"和"文字环绕"方式。

8. 设置表格的边框和底纹

①选中整个表格或者选中表格中要设置边框线的单元格。

②选择"表格工具"下"设计"选项卡中"绘图边框"组,在"笔样式""笔画粗细""笔颜色"中进行选择,再选择"表格样式"组,在"边框"或"底纹"下进行选择设置;也可以右击选中的表格或单元格,在弹出的快捷菜单中单击"边框和底纹"命令。

9. 文本与表格的互换

对于 Word 文档中的表格,可以将它们转换成井然有序的文本,以便于引用到其他文本编辑器。另外,对于行列分布有规律的文本,也可以在插入 Word 文档后快速转换成表格。

(1)表格转换为文本

有时需要将包含表格的文档内容复制到其他文本编辑器中,但该编辑器又不支持表格功能。为了避免复制后表格中的内容错乱,让读者无法理解,可以先在 Word 中将表格转换成文本,然后再进行复制操作。表格转换为文本的步骤为:

①选取要转换的表格。

②单击"表格工具"下"布局"选项卡中的"数据"组中的"转换为文本"按钮,打开"表格转换为文本"对话框。

③选择一种文字分隔符,建议选择"制表符"选项,这样转换后,行和列的文本间隔都比较分明,然后单击"确定"按钮即可完成转换。

（2）文本转换为表格

对于行和列分布比较有规律的表格,可以预先录入表格的文字内容。这些文字内容之间要使用分隔符(分隔符可以是逗号、制表符、空格或其他自定义的符号)隔开,用以指示将文本分成列的位置,并且使用段落标记来指示将文本分成行的位置。文本转换成表格的步骤为:

①选择要转换的文本。拖曳鼠标选择要转换成表格的文本区域,在"插入"选项卡的"表格"组中,单击"表格"下拉菜单,选择"文本转换成表格"。

②设置转换方式。在"文字转换成表格"对话框的"文字分隔位置"选项组中选择将文字分到不同列的分隔符。

③在"列数"框中,选择列数,如果未看到预期的列数,则可能是文本中的一行或多行缺少分隔符。

10. 表格样式套用

如果对报告文档的版式美观有较高的要求,可以使用"表格样式"来设置整个表格的格式,如图 2.51 所示,让表格与文档风格一致。Word 2010 提供有多套表格样式,我们可以快速套用它们,将指针停留在每个预先设置格式的表格样式上,可以预览表格的外观。

图 2.51　"表格样式选项"组与"表格样式"组

使用"表格样式"设置表格格式的步骤如下:

①在要设置格式的表格内单击。

②单击"表格工具"下"设计"选项卡,在"表格样式"组中,将鼠标指针依次停留在每套表格样式上,直至找到要使用的样式为止。如果要查看更多样式,可以单击"其他"箭头。单击某个表格样式可以将其应用到表格。

③在"表格样式选项"组中,选中或清除每个表格元素旁边的复选框,以应用或删除选中的样式。

11. 显示/隐藏虚框

在表格的边框设置中,如果选择了"无边框",通常不显示网格线。但如果单击"表格工具"下"布局"选项卡"表"组中的"查看网格线"按钮,则可控制显示表格的网格线为虚框。

12. 排序与计算表格数据

对于表格中的数据,常常需要对它们进行计算与排序。如果是简单的求和、取平均值、计数、最大值以及最小值等，可以直接由 Word 2010 提供的计算公式来完成；如果是复杂的计算，通常使用 Excel 来完成更方便。Word 中常用的计算函数包括求和函数 SUM()、计数函数 COUNT()、求平均值函数 AVERAGE()、求最大值函数 MAX()、求最小值函数 MIN()等。函数的参数为单元格的引用符号。同下一章要介绍的 Excel 软件一样，表中的单元格列号依次用字母 A、B、C、…表示，行号依次用数字 1、2、3、…表示。例如 B3 表示第 2 列第 3 行的单元格。如果要表示表格的单元格区域，形式如下：左上角单元格：右下角单元格，例如：B3：F5。另外，还可以用 LEFT、RIGHT 和 ABOVE 来引用插入点左边、右边和上面的所有单元格。

【任务 1】请打开"素材 13-表格创建.docx"，完成以下操作并保存文件。

在文档第二行插入一个 5 行 5 列的表格（样张如图 2.52 所示），表格宽度 14 厘米，表格居中对齐；其中表格外边框为标准色红色、双实线、宽度为 0.75 磅，内边框为标准色蓝色、单实线、宽度为 0.25 磅；表格内所有内容格式为水平及垂直居中对齐。

系别	任课老师	班级人数	上课班级	课程名称
电子信息系	王幸科	44	14 行管 1	大学计算机
电子信息系	张大海	48	14 计网 1	Linux 系统
电子信息系	全秀真	52	14 会电 5	数据管理系统
电子信息系	何华玉	45	14 计应 2	ASP.NET 技术

图 2.52 表格样张

【提示】①在"插入"选项卡中，单击"表格"功能组中"表格"图标，在弹出框中选择"插入表格(I)…"项，在随后"插入表格"对话框中输入行数和列数以插入表格。选择表格，单击"布局"选项卡中，"表"功能组中"属性"图标，设置表格宽度和对齐方式，如图 2.53 所示。

②单击表格左上角图标 ⊞，选中整个表格，单击"边框"右侧的黑色箭头 ⊞ 边框 ，选择"边框和底纹(O)…"命令，分别设置表格内外边框。

③表格内容对齐方式设置方法：选择表格所有单元格，单击"表格工具"|"布局"|"对齐方式"组的"水平居中"按钮。

【注意】设置好外框线后，此时内外框线线型一致，如果要设置内框线不一致，需要单击如图 2.54 所示内框线交叉点位置以取消内框线，然后再选择好内框线线型和颜色，再单击内框线交叉点位置应用选择好的内框线型及颜色。

图 2.53 设置表格宽度和对齐方式

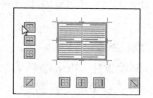

图 2.54 设置表格内外框线

【任务 2】请打开"素材 14-表格计算.docx",完成以下操作并保存文件。

A. 在文档第二行插入一个 5 行 5 列的表格(内容如表 2.1 所示),表格宽度 15 厘米,表格居中对齐;其中:外边框线宽度为 1.5 磅、内边框线宽度为 0.5 磅;表格内所有项目格式为水平及垂直居中对齐;

B. 利用表格计算功能,计算出表格中各人平均分。

表 2.1 表格样张

姓名	高数	计算机	英语	平均分
王明新	96	97	88	
刘庆辉	73	86	87	
刘庆晰	78	68	66	
张和静	93	82	78	

【提示】①要求"A"的设置方法与【任务 1】类似。

②对于要求"B":把光标放在表格第 2 行第 5 列单元格(即 E2 单元格),单击"表格工具"|"布局",在"数据"组中单击"公式"命令按钮。在弹出的如图 2.55 所示的"公式"对话框中,去除已有默认公式"=SUM(LEFT)",在"公式"对应输入框中输入"=AVERAGE(B2:D2)"(不包括双引号),单击"确定"后将公式结果应用到指定单元格。(注意:表格公式中的标点符号均为英文标点,否则会出现语法错误。)

③其他单元格公式应用,一种方法为:按步骤②依次对每个单元格插入公式,但当单元格太多时,该方法比较费时。另一种方法为:将步骤②计算的结果内容全选中后并复制,然后选中要应用公式的单元格,右击鼠标,在弹出菜单上选择"保留源格式"粘贴按钮,但此时,会发现粘贴的所有结果与被复制的单元格内容一致,要将公式正确应用于其他单元格,只需要在对应单元格上再次右击鼠标,在弹出菜单上选择"更新域"菜单项即可完成公式应用。

【任务 3】请打开"素材 15-生成图表.docx",完成以下操作并保存文件。

A. 在文档第二行按照样图 2.56 所示的 Excel 表格数据插入一个饼图图表;

图 2.55 表格计算公式   图 2.56 Excel 表格数据源

B. 图表标题为"电器类月销售额(万元)百分比图"(文字内容为双引号里的内容,内容中的标点符号使用中文标点),图表的数据标签格式包括:值、百分比、显示引导线等选项,数据标签显示在数据标签外。

【提示】①把光标定位在第 2 行,单击"插入"|"图表",在弹出对话框中左侧选择"饼图"的第一个子类型"饼图"。按"确定"按钮后,在对应的 Excel 中输入如图 2.56 所示的图表数据源(不要

改变 Excel 中标题"月销售额（万元）"）。

　　②在产生的饼图中，输入指定的图表标题。在"图表工具"|"布局"下，单击"标签"组中的"数据标签"按钮，在弹出框中选择最下面选项"其他数据标签选项（M）…"，在弹出对话框中设置标签格式。设置好的图表样张如图 2.57 所示。

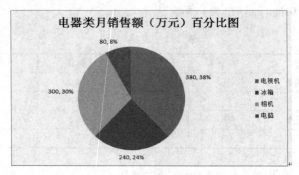

图 2.57　图表样张

【任务 4】请打开"素材 16-生成图表.docx"，完成以下操作并保存文件。

　　在文档第二行插入一个 Excel 簇状柱形图表，图表布局为布局 5，图表样式为样式 37，并按照图 2.58 所示的样图编辑图表的数据和调整图表数据区域的大小。

	一季度（万台）	二季度（万台）	三季度（万台）	四季度（万台）
华东地区	3.5	3.2	3.1	3.4
华南地区	3.7	3.5	3.1	3.9
华北地区	3.2	3.1	2.8	3.3
西北地区	2.6	2.8	2.7	2.8

图 2.58　图表数据源

【提示】①首先选择表格中的数据源，右击选择复制。

　　②依次点击"插入"|"图表"，在弹出的"插入图表"对话框中选择"柱形图"第一个子类型"簇状柱形图"，单击"确定"后，进入随后弹出的 Excel 界面。

　　③在 Excel 界面，单击 A1 单元格，粘贴数据源，关闭 Excel 界面。

　　④单击图表，在"设计"选项卡下，选择"图表布局"和"图表样式"功能组对应选项进行设置。样张如图 2.59 所示。

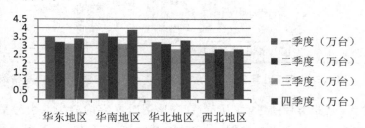

图 2.59　图表样张

【注意】如果图表显示数据不完全,比如缺少第四季度数据,可以按以下方法调整图表数据源。单击图表,在"设计"选项卡下选择"选择数据",重新选择图表全部数据源。如图 2.60 所示。

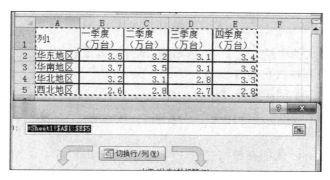

图 2.60　在 Excel 中选择图表数据源

实验三　图文混排

一、实验目的

1. 掌握在 Word 文档中插入艺术字、剪贴画、图片的方法；
2. 掌握图片编辑和格式化的方法；
3. 掌握在 Word 中绘制图形的方法；
4. 掌握创建与设置 SmartArt 图形的方法；
5. 灵活应用文本框；
6. 掌握插入符号和公式的方法。

二、实验内容

1. 插入艺术字

Word 2010 提供有大量艺术字样式，在编辑 Word 文档时，可以套用与文档风格最接近的艺术字样式，以获得更佳的视觉效果。艺术字实际上是图形而非文字，所以对它进行编辑时，可按照图形对象的编辑方法进行编辑。

（1）插入艺术字

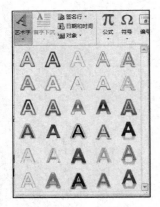

①将光标放在需要插入艺术字的位置，单击"插入"选项卡中"文本"组的"艺术字"按钮，弹出如图 2.61 所示的"艺术字库"列表，从中选择一种艺术字样式。

②此时在光标所在位置将出现一个文本输入框，输入文字内容，然后单击"开始"选项卡，在"字体"区域可以设置文字的字体、字号等格式。

（2）编辑艺术字

选择艺术字，系统会自动打开"绘图工具"｜"格式"选项卡，如图 2.62 所示。使用该选项卡中的相应功能的工具按钮，可以设置艺术字的样式、填充效果等属性，还可以对艺术字进行大小调整、旋转或添加阴影、三维效果等操作。

图 2.61　打开"艺术字库"列表

2. 插入剪贴画或图片文件

通常，在文章或报告中适当地插入一些图形和图片，不仅会使文章、报告显得生动有趣，还能帮助读者更快地理解文章内容。Word 2010 的绘图和图像处理功能，可以在文档中插入图片、剪贴画、自绘图形、SmartArt 图形和图表等对象。

图 2.62　"绘图工具"的"格式"选项卡

（1）插入剪贴画

Word中的"剪辑库"收藏了大量的剪贴画，内容丰富，涵盖各行各业，用户可以根据需要，找到并快速插入该剪贴画。在文档中插入剪贴画的步骤如下：

①将插入点定位于文档中需要插入剪贴画的位置。

②单击"插入"选项卡中"插图"组的"剪贴画"按钮，在文本编辑区右侧出现"剪贴画"任务窗格。

③在"搜索文字"文本框中输入所需剪贴画的主题文字，在"结果类型"下拉列表中选择要搜索的文件格式。设置完成后，单击"搜索"按钮，在收藏集中搜索到的相关剪贴画就出现在任务窗格中，从中选定所需的图片单击，该图片即可插入到文档中。如图2.63所示。

（2）插入外部图片

虽然Word中提供了大量的剪贴画，但是这些图片并不能完全满足用户的需求。用户可以自行将其他图片插入到文档中，使文档更加美观，以更加生动地反映所要表达的内容。

①将插入点定位于文档中需要插入图片的位置。

②单击"插入"选项卡中"插图"组的"图片"按钮，打开"插入图片"对话框，如图2.64所示。

③可以改变驱动器及文件夹位置，选择要插入的图片，然后单击"插入"按钮返回。

图 2.63　插入"剪贴画"

图 2.64　"插入图片"对话框

（3）插入屏幕截图

有时候，可能需要将显示器屏幕中的画面内容截取下来，然后插入到指定的文档中，可以使用Word 2010提供的"屏幕截图"功能来实现，在"插图"组中单击"屏幕截图"按钮，从弹出的菜单中选择"屏幕剪辑"选项，进入屏幕截图状态，拖动鼠标指针截取图片区域，即可在文档的光标所在处插入截取的图片。

3. 图片的编辑

（1）设置图片大小

插入到文档中的图片，图片大小一般都不符合排版要求，需要用户自行对图片大小进行编辑。用户可以通过手动调整和精确设置两种方法来改变图片大小。

方法一：手动调整图片大小

选择需要调整的图片，将光标指向边框上的控制点，当光标变成横向或纵向的箭头时拖动鼠标，即可调整图片高度或宽度；如果光标为斜向或双向箭头时，即可等比例调整图片大小。

方法二：精确设置图片大小

首先选择需要调整的图片，右击鼠标，即可在菜单顶部看到一个数值框，在其中可输入数值精确调整图片的宽度和高度；或者单击"图片工具"下"格式"选项卡中"大小"组的对话框启动器，打开如图 2.65 所示的"布局"对话框中的"大小"选项卡，在其中可以设置图片的高度和宽度或缩放百分比。

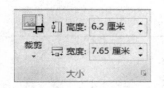
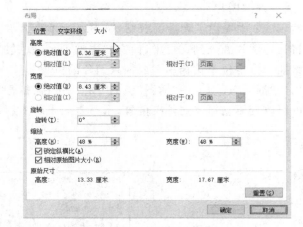

图 2.65 "图片工具"下"格式"选项卡的"大小"组及对话框

（2）设置图片亮度和对比度

很多时候，由于各种各样的原因往往图片不够明亮或有些灰暗，这使打印出来的效果不理想。用户可以设置图片的亮度和对比度来改善图片的显示效果。

设置图片亮度和对比度的方法是：打开需要调整的图片，双击该图片，即可进入"图片工具"下的"格式"选项卡。在"调整"组中，单击"更正"按钮，在弹出的面板中可以选择图片的亮度和对比度效果。单击"更正"下拉菜单中的"图片更正选项"按钮，即可打开"设置图片格式"对话框，在其中可以调整亮度和对比度参数，如图 2.66 所示。

（3）填充图片

有时候插入一张图片或图形时，它的背景色处于透明状态，在 Word 中可以实现为插入的图片添加颜色的功能。

为图片着色的方法是：选择图片，然后在图片中单击鼠标右键，在弹出的快捷菜单中选择"设置图片格式"命令。在打开的"设置图片格式"对话框中，在左侧选择"填充"选项，用户可以根据需要对图片进行单色填充、渐变填充、纹理填充和图案填充。

（4）旋转图片

当用户将图片插入到文档后，有时候为了满足文档的排版规范，或是为了让文档看起来更美观，需要将图片设置一个特定的角度，这时，可以在 Word 中将图片进行旋转，设置旋转图片的文档可以更凸显其个性。

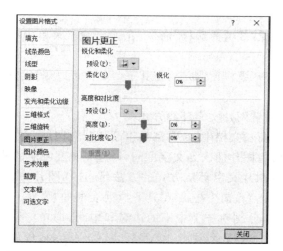

图 2.66　"图片工具"下"格式"选项卡的"调整"组及"设置图片格式"对话框

　　在 Word 中旋转图片的方法是:双击选中的图片,在"图片工具"下"格式"选项卡的"排列"组中单击"旋转"下拉按钮,在打开的下拉菜单中可选择旋转类型,如图 2.67 所示;也可以选择"其他旋转选项"命令,弹出"布局"对话框,在其中可以精确设置旋转参数。

　　(5)对齐图片

　　当用户在文档中插入多个图片时,就需要将图片进行对齐操作,否则页面将显得很混乱。在 Word 中对齐图片的方法是:在 Word 文档中插入多

图 2.67　"图片工具"下"格式"选项卡的"排列"组中的"旋转"下拉按钮

张图片,然后将其设置为浮动状态(即非"嵌入型"版式),选择多个图片;在"图片工具"下"格式"选项卡的"排列"组中单击"对齐"下拉按钮,在弹出的下拉菜单中可以设置多种对齐方式。

　　左对齐:将所有图片最左端的边缘与作为标准的图片最左端的边缘对齐。

　　左右居中:将图片沿中心垂直对齐。

　　右对齐:将所有图片最右端的边缘与作为标准的图片最右端的边缘对齐。

　　顶端对齐:将所有图片最顶端的边缘与作为标准的图片最上方的边缘对齐。

　　上下居中:将图片沿中线水平对齐。

　　底端对齐:将所有图片最底端的边缘与作为标准的图片最下方的边缘对齐。

　　(6)裁剪图片

　　插入到文档中的图片经常都需要用户进行一些调整。当用户插入一张图片后,对于图片中多余的区域,可以运用裁剪功能来解决。

　　裁剪图片的方法是:

　　• 单击选中要裁剪的图片,在"图片工具"下"格式"选项卡可显示常用的图片编辑功能,在"大小"组中单击"裁剪"下拉按钮,在下拉菜单中可以选择裁剪方式。

　　• 选择"裁剪"命令,用户可以对图片进行自由裁剪,拖动任意一个边框,即可对该边缘进

行裁剪。

　　•选择"裁剪为形状"命令,在弹出的子菜单中有多组形状,用户可以根据需要选择各种形状。

　　•单击"纵横比"命令,在其子菜单中可以选择各种比例的裁剪方式,可根据需要选择所需的选项。

　　(7)设置图片文字环绕方式

　　在一篇长文档中,常常都是以图片和文档结合的方式来进行描述的,所以在排版方式上,经常需要将图片插入到文字中间,以起到相互呼应的效果。

　　设置图片文字环绕方式的方法是:选择图片,在"图片工具"|"格式"选项卡下"排列"选项组中单击"位置"按钮,在其下拉列表框的"文字环绕"选项中可以设置与页面对齐的9种环绕方式,分别对齐上中下的边缘和中间,选择"其他布局选项"命令,可以打开"布局"对话框,如图2.68所示,单击"文字环绕"选项卡,可以看到7种文字环绕方式,可根据需要选择合适的环绕方式。

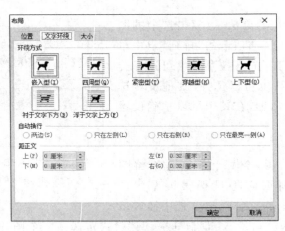

图 2.68　图片的"布局"对话框

　　嵌入型:文字围绕在图片的上下方,图片和文字一样,只能在文字区域内移动。

　　四周型环绕:图片周围环绕着文字,并且图片的四周与文字保持固定的距离。

　　紧密型:文字都密布在图片周围,图片被文字紧紧包围,这和四周型有一些相同性,但紧密型的图片周围文字更加密集。

　　穿越型:文字将穿越图片进行排列,得到图文混排的效果。

　　上下型:文字将排列在图片上下,左右两侧没有文字。

　　浮于文字上方:文字的版式不变,图片在文字的上方,将文字完全遮盖住。

　　衬于文字下方:与"浮于文字上方"正好相反,图片在文字的下方,图片被遮盖住。

　　4.插入文本框

　　文本框是一种位置可以移动、大小可以调整的文本或图形容器。文档的任何内容,包括文字、表格、图片、自选图形及其混合体,只要被放置在文本框中,就如同被装进了一个容器,可以随时移动到页面的任何位置,并可以像编辑图形对象一样使用"文本框工具"|"格式"选项卡进行各种格式设置。文本框可以分为横排文本框和竖排文本框两种。

　　插入文本框的方法是：单击"插入"选项卡中"文本"组的"文本框"下拉箭头按钮，在弹出的菜单中可以选择插入文本框的类型，也可以选择"绘制文本框"命令。在文档中创建好文本框后，可以调整文本框大小以及设置文本框与文字的环绕方式。为了让文本框更加美观，用户还可以设置文本框的样式。

　　设置文本框样式的方法是：选择文本框，在"绘图工具"|"格式"选项卡下的"形状样式"选项组中，单击"其他"按钮█，在弹出的菜单中可以选择一种文本框样式。

　　自定义文本框样式的方法是：选择文本框，在"形状样式"选项组中利用"形状填充"按钮设置文本框的填充效果，利用"形状轮廓"按钮设置文本框边框线条的颜色粗细等属性；利用"形状效果"按钮设置各种文本框效果。

　　5. 在 Word 中绘制图形

　　在 Word 中自带了许多图形，用户可以通过它在文档中绘制各种线条、连接符、基本图形、箭头、流程图、星、旗帜、标注等图形内容。用户绘制好图形后，还可以对图形进行各种设置，包括设置图形的大小、样式、添加阴影及三维效果等。

　　(1)手动绘制图形

　　Word 中绘制图形可以分为两种：在文档中直接绘制图形和在绘图画布中绘制图形。

　　• 在文档中直接绘制图形：在"插入"选项卡的"插图"选项组中单击"形状"按钮，在弹出的下拉菜单中可以选择多种图形。

　　• 在绘图画布中绘制图形：在 Word 文档中单击"插入"选项卡的"插图"选项组下的"形状"按钮，在弹出的下拉菜单中选择"新建绘图画布（N）"命令，在文档中即可自动创建一个绘图画布。然后再选择图形进行绘制，绘制的图形外侧有绘图画布包围。

　　(2)更改图形形状

　　绘制好图形应用到文档中后，如果觉得图形并不适合文档，可以改变图形形状。

　　更改图形形状的方法是：选择该图形，单击"绘图工具"|"格式"选项卡下的"插入形状"选项组中的"编辑形状"下拉按钮，在弹出的菜单中选择"更改形状"命令，选择所需的形状。

　　(3)设置图形大小

　　在 Word 中绘制出图形后，并不一定符合要求，可以根据显示或排版方面的需要对图形大小进行调整。在 Word 中调整图形大小的方法与调整图片大小的方法相同。

　　(4)设置图形样式

　　图形绘制好后还只是单一的框架式，用户可以在 Word 中为图形设置图形样式，包括设置图形的填充颜色和填充类型、设置图形的边框颜色、粗细和线型等。

　　设置图形样式的方法是：选择该图形，单击"绘图工具"|"格式"选项卡下的"形状样式"选项组中的█按钮，即可选择一种图形效果。选择"其他主题填充"命令，在弹出的菜单中可以设置多种渐变填充效果。

　　(5)设置图形阴影及三维效果

　　在 Word 中绘制好图形后，还可以为其设置艺术效果，如添加阴影及三维效果。方法是：选择该图形，单击"绘图工具"|"格式"选项卡下的"形状样式"选项组中的"形状效果"按钮，在弹出的菜单中可以设置多种图形效果。

　　(6)在图形中输入文字

　　有时候在图形中输入文字是非常必要的，如在绘制工作流程图时，可能会要求在图形中输入指示性文字。在 Word 中可以直接在图形中输入文字,并可以设置文字格式。

在图形中输入文字的方法是:当用户绘制好图形后,在图形中单击鼠标右键,在弹出的菜单中选择"添加文字"命令,即可将图形变成一个文本框,输入文字。然后单击"开始"选项卡,在"字体"选项组中可以设置字体和大小等属性。

(7)设置图形的叠放次序

如果在文档中绘制了多个图形时,这些图形会互相重叠在一起,导致下面的图形被遮盖,不能正常显示。此时,就需要调整图形的叠放顺序。

设置图形叠放次序的方法是:选择多个叠加图形中的某个图形,在"绘图工具"|"格式"选项卡下的"排列"选项组,可以选择"上移一层"或"下移一层"命令。也可以右击需要移动的图形,在弹出的菜单中选择"置于顶层"或"置于底层"命令,在其子菜单中可以选择各种移动命令。

(8)对齐多个图形

对于两个或两个以上的图形对象,用户可以将其左边、右边、顶端、底端来进行互相对齐,也可以相对于整个页面对齐多个图形对象,使它们相对于整个页面或互相之间的水平或垂直距离相等。

对齐多个图形的方法是:选定要对齐的多个图形对象,在"绘图工具"|"格式"选项卡下的"排列"选项组,单击▣ 对齐▾命令按钮,在其下拉菜单中可以选择多种对齐方式。

(9)组合多个图形

在文档中创建好多个图形后,可以同时对图形做移动操作,并且还能保持它们的相对位置关系。这时就需要使用组合图形功能,将多个图形组合在一起变成一个整体,以便于对其进行各种控制和操作。

组合图形的方法是:选择需要组合的多个图形,单击鼠标右键,在弹出的菜单中选择"组合"命令,即可将图形组合。或者在"排列"选项组中单击"组合"按钮。

6. 创建与设置 SmartArt 图形

在编辑工作报告以及各种图书、杂志、宣传单等文稿时,经常需要在文中插入生产流程、公司组织结构以及其他表明相互关系的流程图。SmartArt 图是 Word 设置的图形、文字以及其样式的集合,在 Word 中可以通过插入 SmartArt 图形来快速制作出专业设计水准的图示图形。SmartArt 图形是信息和观点的视觉表示形式,可以通过从多种不同布局中进行选择来创建 SmartArt 图形,从而快速、轻松、有效地传达信息。

(1)插入 SmartArt 图形

在 Word 2010"插入"选项卡的"插图"选项组中单击 SmartArt 按钮,将弹出"选择 SmartArt 图形"对话框,在其左侧提供有 8 大基本关系图形,包括列表(36 个)、流程(44 个)、循环(16 个)、层次结构(13 个)、关系(37 个)、矩阵(4 个)、棱锥图(4 个)和图片(31 个)共 185 个图样,利用它们可以快速、轻松地传达各种信息,如图 2.69 所示。在插入 SmartArt 图形时,由于文字的多少会影响图形外观和布局,因此需要考虑文字的输入量。

列表:该组图形中的布局对不遵循分布或有序流程的信息进行分组。

流程:该组图形中的布局通常包含一个方向流,并且对流程或工作流中的步骤进行图解。

循环:该组图形主要用于对循环流程或重复性流程进行图解。

层次结构:该组图形主要用于显示一种有方向性的等级层次关系。

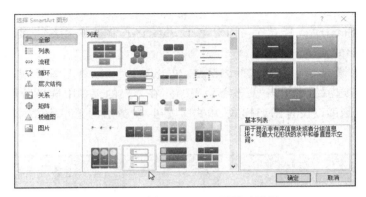

图 2.69　选择 SmartArt 图形对话框

关系：该组图形主要用于显示数据之间的一种连接或循环关系。

矩阵：该组图形主要用于显示部分与整体之间的关系。

棱锥图：该组图形主要用于显示各部分对象之间的比例关系。

图片：该组图形主要用于插入各种图片，使文字与图片能更好地结合。

（2）更改布局和类型

当用户在 Word 中创建好 SmartArt 图形后，可以更改其布局，也可以直接将该图形转换为其他类型的 SmartArt 图形。

更改 SmartArt 图形的布局和类型的方法是：单击选中 SmartArt 图形，选择"SmartArt 图形"下"设计"选项卡，在"布局"选项组中单击▽按钮，在弹出的菜单中选择更改的图形。单击"其他布局"命令，可以打开"选择 SmartArt 图形"对话框，在其中同样可以选择图形。

（3）输入文本内容

创建好 SmartArt 图形后，就可以在图形各部分输入相应的内容信息，如图 2.70 所示。在 SmartArt 图形中输入内容的方法包括使用文本窗格输入和直接在图形中输入两种。

使用文本窗格输入：选择"设计"选项卡，单击"创建图形"选项组中的"文本窗格"按钮，即可打开"文本窗格"，单击需要输入内容的文本框输入文字，在右侧相应的图形中也会即刻显示输入的内容。

直接在图形中输入：单击要输入文字的图形，该图形将转变为可以编辑的文本框形状，然后在其中直接输入文字内容即可。当用户在图形中输入文字后，系统将自动根据输入文字的多少来调整字号大小。

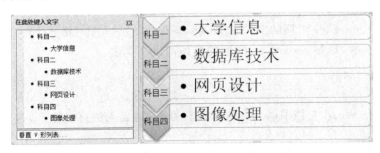

图 2.70　在 SmartArt 图形中添加文本

（4）设置颜色和样式

Word 提供的 SmartArt 样式库可以对整个 SmartArt 图形应用统一的颜色和样式，从而改变 SmartArt 图形的整体效果。

设置 SmartArt 图形颜色和样式的方法是：单击选中 SmartArt 图形，进入"设计"选项卡，在"SmartArt 样式"选项组中单击"更改颜色"按钮，在弹出的菜单中选择所需的颜色样式。在"更改颜色"按钮右侧可以设置图形样式，单击⊡按钮，在弹出的菜单中选择一种图形样式，如图 2.71 所示。

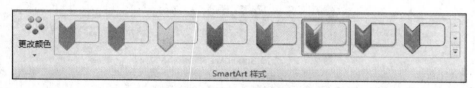

图 2.71　设置 SmartArt 图形颜色和样式

（5）添加或删除 SmartArt 图形

用户可以根据图形要表达内容的需要，在创建好的 SmartArt 图形中添加形状；而对于多余的形状，可以将其从 SmartArt 图形中删除。

添加或删除 SmartArt 图形的方法是：在图形左侧打开文本窗格，单击需要添加图形的文本框，按下 Enter 键即可创建同级别的图形。关闭文本框，将光标插入需要添加形状的图形中，在"创建图形"选项组中单击"添加形状"按钮，在弹出的菜单中可以选择在后面或前面添加形状。如果需要删除图形，可以选择该图形，按下 Delete 键即可。

（6）更改 SmartArt 图形

除了可以在 Word 中添加和删除 SmartArt 图形外，还可以对 SmartArt 图形进行更改。

更改 SmartArt 图形的方法是：单击选中 SmartArt 图形中需要修改的图形，进入"格式"选项卡，在"形状"选项卡下单击"更改形状"按钮 更改形状·，在弹出的菜单中选择需要修改的样式。

（7）调整 SmartArt 图形大小

为了突出显示某个图形，可以更改 SmartArt 图形的大小。除了可以更改 SmartArt 图形的大小外，还可以更改 SmartArt 图形中某个形状的大小。

调整 SmartArt 图形大小的方法是：

• 单击 SmartArt 图形中要更改大小的形状，然后单击"格式"选项卡，在"形状"选项组中单击"增大"按钮 增大，即可将图形增大，单击减小按钮 减小，可以将图形减小。

• 单击整个 SmartArt 图形的空白区域，将其选中，然后单击"格式"选项卡，在"大小"选项组中可以设置参数，调整 SmartArt 图形的整体高度和宽度。

7. 插入符号和公式

（1）插入符号

当用户需要在 Word 文档中插入一些特殊符号时，键盘无法直接输入，这就需要通过插入符号功能输入。

插入特殊符号的方法是：选择"插入"选项卡，在"符号"选项组中单击"符号"下拉按钮，在弹出的下拉菜单中可以预览符号，单击 Ω 其他符号(M)…命令，可以打开"符号"对话框，在"子集"下拉菜单中可以选择插入的符号类型,在"符号"对话框中选择"特殊字符"选项卡,可以在其中选择所需的特殊字符进行插入。

(2)插入公式

有时在 Word 中需要输入一些数学公式,公式中包含了许多数字和符号,并且还存在上标、下标的情况,这就需要使用"公式工具"来输入。

在 Word 中输入公式的具体操作如下:

①选择"插入"选项卡,单击"符号"选项组中的"公式"按钮,即可在空白页面中出现一个输入公式框。

②在"公式工具"|"设计"选项卡下,单击"工具"选项组中的"公式"按钮,可以预览一些公式,选择一种公式,即可在公式输入框中插入该公式,用户可以选择公式中的数字进行修改。

③单击输入公式框右侧的三角形按钮,即可弹出一个下拉菜单,可以选择命令对公式样式进行修改。

④单击"符号"选项组右侧的三角形按钮,在其下拉菜单中可以选择输入公式时所需的所有符号。

⑤在"结构"选项组中可选择输入公式时的所有运算结构。在 Word 2010 中输入数学公式的界面如图 2.72 所示。

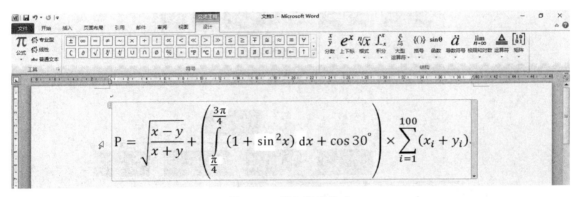

图 2.72　输入数学公式

【任务 1】请打开"素材 17-设置图片格式.docx",完成以下操作并保存文件。

A. 设置文档中图片的格式:紧密型文字环绕,图片高度、宽度绝对值均为 4 厘米;布局位置为水平相对于栏对齐方式居中、垂直为下侧页面绝对位置 6 厘米;

B. 套用图片样式模板,模板名称为"棱台左透视,白色"。

【提示】①对"A"要求:单击图片,单击"图片工具"的"格式"选项,单击"位置"按钮选择　其他布局选项(L)...　。

• 在"大小"选项下设置图片高度和宽度。

• 在"文字环绕"选项下设置"紧密型"版式。

• 在"位置"下设置图片水平和垂直定位。如图 2.73 所示。

②对"B"要求:如图 2.74 所示,在"图片样式"中选择。

【任务 2】请打开"素材 18-插入 SmartArt 图形.docx",完成以下操作并保存文件。

在文档正文后插入一个 SmartArt 图形中层次结构的组织结构图,并输入相应文字内容,如图 2.75 所示。

图 2.73　设置图片"文字环绕"及"位置"

图 2.74　设置图片样式

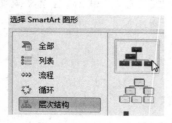

图 2.75　SmartArt 图形(组织结构图)

　　【提示】在"插入"选项卡的"插图"组,单击"SmartArt"按钮,选择"层次结构"的"组织结构图",如图 2.76 所示,在"SmartArt"的"设计"选项卡下,利用此处各功能按钮(图 2.77),绘制图形。

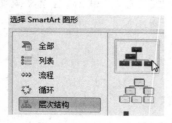

图 2.76　插入 SmartArt 图形

图 2.77　SmartArt 图形的功能按钮

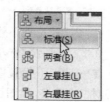

图 2.78　"布局"按钮

【注意】①通过按 Ctrl 键,同时选中上一级和下一级的多个图形,单击"布局"下的"标准"按钮,可调整布局。

②通过选择按钮"添加形状""升级""降级""上移""下移"可调整图形结构。

【任务 3】请打开"素材 19-插入数学公式.docx",完成以下操作并保存文件。

A. 在文档第二段按以下样图(图 2.79)插入一个求圆面积的数学公式(注:必须使用软件中自带的公式工具制作公式,可套用内置的求圆面积公式然后进行编辑)。

$$S = \pi r^2$$

图 2.79　公式样张

B. 在文档第二段输入一道内置的数学公式,公式名称为勾股定理(注:必须使用软件中自带的公式工具制作公式)。

【提示】①对于"A"要求:在"插入"选项卡,选择"公式"按钮,单击"插入新公式(I)"按钮。

②对于"B"要求:在"插入"选项卡,选择"公式"按钮,然后选择"勾股定理"。

实验四　邮件合并

一、实验目的

1. 了解邮件合并的目的和含义；
2. 掌握邮件合并的方法。

二、实验内容

1. 什么是邮件合并

在一些公函、获奖证书上面，通常可以看到里面的大部分内容都是打印的，而接收人的姓名、地址等信息却是用笔写上去的，显得颇为不协调。如果这些公函、证书的制作和颁发都是由同一个单位来完成，那么可以在编辑它们时，利用 Word 2010 提供的邮件合并功能，将姓名、地址等信息动态地打印至各张公函、获奖证书上面。

邮件合并，并不是简单地将若干邮件的内容合并在一起，而是先编辑好一个包含固定内容的主文档，然后将另外一个数据源中的信息插入到主文档待定位置。例如要群发的公文信函（里面除了收件人的称呼不同外，其他内容是相同的），就可以先将信函的固定内容编辑在主文档，而在收件人称呼位置留空白，然后利用邮件合并功能，将 Excel 表格中所有的收件人名称逐一合并到文档中，从而批次输出收件人各不相同的公文。

利用邮件合并这个功能，可以快速地制作信封、公函、请帖、成绩单、各类证书等具有固定格式和内容，只有部分内容是动态的文书。

2. 使用邮件合并功能批量制作商务信函

【任务 1】天娱策划公司需要向所有新客户发送一封信函，以说明公司提供的相关服务信息。请使用邮件合并功能，批量制作给不同收件人的商务信函。主文档内容和数据源内容分别如图 2.80 和图 2.81 所示。

尊敬的先生/女士：

感谢您选择天娱策划公司与您进行产品营销方面的业务合作。我们相信您能享受到令人满意的服务。

附件中提供的信息将协助您了解如何更好地使用我们提供的服务。如果有任何问题请与我们联系。负责与您接洽的业务经理的联系电话为。请妥善保管您的账户号。与我们联系时请准备好相关的资料，以便我们尽快为您提供服务。

如果您有新的需求或希望获得其他类型的服务，我们可以帮助您进行评估和选择，使您的投资得到更大的回报。

再次感谢您选择天娱策划公司。

此致

敬礼！

天娱策划公司

2016.4.11

图 2.80　“邮件合并”主文档内容

客户姓名	接洽的业务经理	业务经理联系电话	客户账号
黄海宇	黄素娥	13742046354	110201
李志强	黄素娥	13742046354	110202
谭国庆	黄素娥	13742046354	110203
朱家侠	朱石辉	13998631354	110204
黄石宇	朱石辉	13998631354	110205
朱惠	朱石辉	13998631354	110206
黎天荣	朱石辉	13998631354	110207
杨乐怡	刘晓丽	13716050854	110208
魏贤忠	刘晓丽	13716050854	110209
陈海洋	刘晓丽	13716050854	110210
胡国石	刘晓丽	13716050854	110211
胡双琴	胡石平	13824012300	110212
谢振天	胡石平	13824012300	110213
林怡嫔	胡石平	13824012300	110214
刘家辉	胡石平	13824012300	110215

图 2.81　“邮件合并”数据源文档内容

【提示】在信函中，收件人的称呼、与客户接洽的业务经理姓名、电话以及客户的账号都是动态的，其他内容都一样，对于这些动态的信息，可以通过邮件合并功能加入。可以通过邮件合并向导来实现上述任务要求。其操作步骤如下：

（1）邮件合并前的准备

在执行邮件合并前，先在 Word 文档中编辑好信函的内容，命名为"邮件合并主文档 . docx"；使用 Excel 表录入客户姓名、接洽的业务经理姓名、电话以及客户账号，命名为"邮件合并数据源 . xlsx"。

（2）启动邮件合并向导

打开信函主文档，单击"邮件"选项卡，在"开始邮件合并"区域单击"开始邮件合并"按钮，在其下拉菜单中选择"邮件合并分步向导"选项，随后将在文档右侧出现"邮件合并"窗格。

（3）选择文档类型

在文档右侧"邮件合并"窗格中，选中"信函"单选按钮，单击"下一步：正在启动文档"。

（4）选取文档

本例在已经打开的信函主文档中编辑，因此直接选中"使用当前文档"单选按钮即可，单击"下一步：选取收件人"。

（5）打开保存动态数据的源文件

因为新客户的资料已经保存在 Excel 表中，这里直接选中"使用现有列表"单选按钮，然后单击"浏览"链接文字（图 2.82），在打开的对话框中选择包含新客户资料的 Excel 文件"邮件合并数据源 . xlsx"，单击"打开"按钮。

（6）选择保存数据的工作表

在随后出现的"选择表格"对话框中，选择保存客户资料的工作表名称。因为本例所选择的 Excel 文件"邮件合并数据源 . xlsx"只建立了一个保存客户资料的工作表，默认该表就会处于选中状态，单击"确定"按钮。如图 2.83 所示。

图 2.82　选取数据源文档

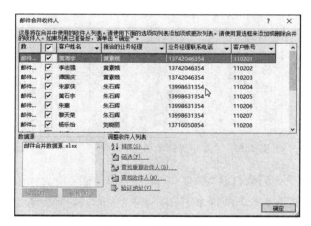

图 2.83　选择收件人

（7）核对客户资料是否正确

在如图 2.83 所示的"邮件合并收件人"对话框中，可以看到工作表中的内容，如果里面包含有不希望联系的客户,取消勾选对应的复选框即可,单击"确定"按钮。然后单击"下一步:撰写信函"链接文字。

(8)插入合并域

将鼠标指针移动到录入主文档中需要插入数据源内容的相应位置,单击"其他项目"链接文字,出现"插入合并域"对话框,分别在主文档的相应位置插入"客户姓名""接洽的业务经理""业务经理联系电话"以及"客户账号"等动态信息,如图 2.84 所示。然后单击"预览信函"按钮。

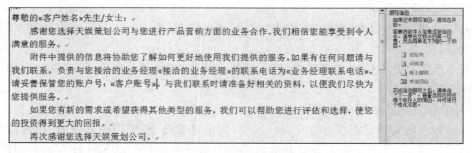

图 2.84   在主文档中插入合并域

(9)完成合并

点击"预览信函"按钮后,可以看到在信函中已经出现了第一个新客户资料的姓名、接洽的业务经理及其联系电话、客户账号等信息,单击"邮件合并"窗格中的 ≪ 或 ≫ 按钮,可以显示上一个或下一个客户的信息。确认无误后,单击"下一步:完成合并"链接文字。

(10)批量打印或者合并为一个新文档

单击 🖨 打印... 命令将出现"合并到打印机"对话框(图 2.85),设置打印参数,可以将合并后的文档打印出来。

单击 📝 编辑单个信函... 命令将出现"合并到新文档"对话框(图 2.86),可以将合并后的文档保存为指定的 Word 文件。

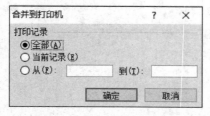

图 2.85   "合并到打印机"对话框

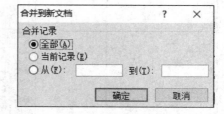

图 2.86   "合并到新文档"对话框

【任务 2】请打开"素材 20-邮件合并_主文档.docx"作为主文档,完成以下操作。

A. "素材 20-邮件合并_数据源.xlsx"文件中有一表格,利用该表格作为数据源进行邮件合并;

B. 主文档采用信封类型,信封尺寸为普通 1(102 * 165 毫米),打印选项选默认信封处理方法(左起第 5 种方式);参照"素材 20-邮件合并.jpg"文件中的图例上半部分把电子表格(数据源)中域的内容插入到主文档相应位置,保存主文档"素材 20-邮件合并_主文档.docx"。

（注：文档中的标点符号必须为中文标点。）

C. 最后合并全部记录并保存为新文档"素材 20-邮件合并_a.docx"，合并后的新文档如图例下半部分所示。

【提示】邮件合并除可以按照"任务 1"使用邮件合并向导外，还可以使用"邮件"选项卡的其他组来手动一步步完成。其操作步骤如下：

①打开主文档"素材 20-邮件合并_主文档.docx"。然后选择"邮件"选项卡，在"开始邮件合并"组，单击"开始邮件合并"按钮，选择"信封"，进入"信封选项"对话框，"信封尺寸"和"打印选项"均使用默认值。如图 2.87 所示。

图 2.87　设置"信封选项"对话框

②点击"确定"按钮后，生成当前主文档信封模板，按"素材 20-邮件合并.jpg"图片中的信封样式，编辑主文档，并保存文件。编辑好的信封主文档如图 2.88 所示。

图 2.88　主文档信封模板

③单击"选择收件人"按钮，选择"使用现有列表"命令。选择"素材 20-邮件合并_数据源.xlsx"作为数据源，单击"打开"按钮，选择数据所在的"Sheet1"工作表，如图 2.89 所示。

④单击"邮件"选项卡下的"插入合并域"按钮，把相应的数据库域插入主文档相应位置。如图 2.90 所示。

⑤预览结果。此步骤也可以忽略而直接跳过。当然，如果有必要，也可以通过单击"预览结果"按钮查看所有收件人信封，如图 2.91 所示。

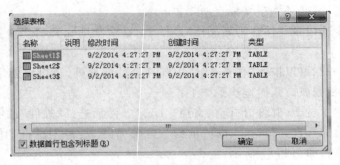

图 2.89　选择 Sheet1 工作表

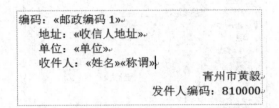

图 2.90　在主文档中插入合并域

图 2.91　单击"预览结果"按钮

　　⑥完成邮件合并。单击"完成并合并"按钮,选择"编辑单个文档"命令,进入"合并到新文档"对话框,如图 2.92 所示。选择"全部"命令,按"确定"按钮。则生成合并后的新文档,按题意保存合并后的文档,文件名为"素材 20-邮件合并_a. docx"。

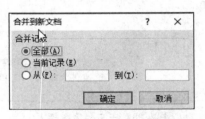

图 2.92　"合并到新文档"对话框

第三章　Excel 基本操作

实验一　工作表的基本操作

一、实验目的

1. 掌握 Excel 工作簿的建立、保存与打开；
2. 掌握工作表的插入、复制、移动、删除和重命名；
3. 掌握单元格的基本操作。

二、实验内容

1. Excel 2010 的启动和退出

启动 Excel 2010 有多种方式，常用的方法与"Microsoft Word 2010"启动与退出方法类似。

2. Excel 2010 的工作界面

启动 Excel 2010 后的窗口界面如图 3.1 所示。新打开的工作窗口会自动新建一个工作簿，工作簿中包含 3 张默认的工作表。Excel 2010 的工作窗口主要包括：

图 3.1　Excel 2010 的工作界面

　　①快速访问工具栏：该工具栏位于工作界面的左上角，包含一组用户使用频率较高的工具，如"保存""撤销"和"恢复"。用户可单击"快速访问工具栏"右侧的倒三角按钮，在展开的列表中选择要在其中显示或隐藏的工具按钮。

　　②功能区：位于标题栏的下方，是一个由 8 个选项卡组成的区域，包括"文件""开始""插入""页面布局""公式""数据""审阅""视图"。Excel 2010 将用于处理数据的所有命令组织在不同的选项卡中。单击不同的选项卡标签，可切换功能区中显示的工具命令。在每一个选项卡中，命令又被分类放置在不同的组中。组的右下角通常都会有一个对话框启动器按钮，用于打开与该组命令相关的对话框，以便用户对要进行的操作做进一步的设置。

　　③编辑栏：编辑栏主要用于输入和修改活动单元格中的数据。当在工作表的某个单元格中输入数据时，编辑栏会同步显示输入的内容。

　　④工作表标签：位于工作簿窗口的左下角，默认名称为 Sheet1、Sheet2、Sheet3、…，单击不同的工作表标签可在工作表间进行切换。

　　⑤地址栏：显示当前活动单元格的位置或单元格区域名称。

　　⑥状态栏：显示当前工作表区的状态，包括单元格的状态、简单统计结果等。

　　【注意】Excel 2010 一些常用的概念如下：

　　(1)行号和列号

　　行号用数字表示，从 1～1 048 576。列号用英文大写字母表示，由 A、B、…、Z、AA、AB、…、ZZ、AAA、AAB、…、XFD 组成，共 16 384 列。

　　(2)单元格

　　单元格是 Excel 2010 独立操作的最小单位。单元格中可以输入文字、数字、公式，也可以进行各种格式设置。一个单元格可以容纳的文本长度是 32 767 个字符。其中单元格中只能显示 1 024 个字符，但编辑栏中可以显示全部字符。单元格是根据其位置来命名的，如 A4 单元格就是第 A 列和第 4 行相交处的单元格。

　　(3)单元格区域

　　单元格区域是一组被选中的单元格，对单元格区域的操作就是对该区域内的所有单元格的操作。可以给单元格区域起个名字，即单元格区域的命名，它显示在地址栏中。

　　(4)工作表

　　工作表是 Excel 完成一个完整作业的基本单位。工作表通过工作表标签来标识，用户可以通过单击工作表标签使之成为当前活动工作表。工作表由单元格组成，可以包含字符串、数字、公式和图表等内容。Excel 2010 中一张工作表最多可以有 17 179 869 184 个单元格。

　　(5)工作簿

　　工作簿是 Excel 存储在磁盘上的最小独立单位。工作簿默认开启 3 张工作表，名字分别为"Sheet1""Sheet2"和"Sheet3"。

　　3. 新工作簿的创建和保存

　　(1)新建 Excel 空白工作簿

　　【任务 1】首先在 D 盘建立以自己的"班级姓名"命名的文件夹，并在其下建立"Excel 实验"子文件夹。Excel 后续的实验结果均保存在"D:\班级姓名\Excel 实验"子文件夹下。创建一个新的"空白工作簿"，并保存为"工作簿 1. xlsx"文件。

【提示】新建空白工作簿的方法：

• 启动 Excel 2010 时，Excel 会自动建立一个默认的空白工作簿，并在标题栏显示"工作簿 1-Microsoft Excel"，此时可以再选择任何一个单元格直接输入内容进行编辑。

• 单击"文件"选项卡，在弹出的菜单中选择"新建"命令。

• 按"Ctrl＋N"组合键。

• 如图 3.2 所示。

图 3.2　Excel 2010 新建默认窗口

（2）使用模板建立工作簿格式

【任务 2】练习使用模板建立工作簿。

操作步骤如下：

①单击"文件"按钮，然后单击"新建"命令；

②在"新建"面板中，显示出"可用模板"选项卡，选择其中"样本模板"中的"考勤卡"模板，双击即可建立；

③打开使用选中的模板创建的工作簿，用户可以在该工作簿中进行编辑。如图 3.3 所示。在"员工"一栏键入您的姓名，"员工电子邮件"栏中输入您的邮箱地址，并保存为"工作簿 2.xlsx"。

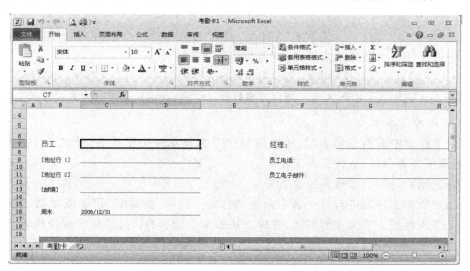

图 3.3　"考勤卡 1"模板

（3）保存工作簿

工作簿的保存方法与 Word 的文件保存方法类似，可以单击菜单"文件"选择"保存"按钮。对于新创建的工作簿，以上方法将打开"另存为"对话框。

在"另存为"对话框中选择适当的保存路径，并输入文件名，点"确定"就可以将新的工作簿以输入的文件名保存到指定的路径下。工作簿的保存类型除默认的"Microsoft Office Excel 工作簿"外，其他常用的保存类型还有文本文件、网页和模板等。

如果要防止工作簿中的重要数据被别人复制、删除等,还可以在"另存为"对话框中为工作簿设置密码,方法如下:

单击"另存为"对话框中的"工具"按钮,在弹出的下拉菜单中选择"常规选项"命令,在弹出的对话框中输入相应的密码即可,如图 3.4 所示。单击"确定"按钮,会弹出窗口再次确认密码,输入与前一个窗口相同的密码即可。

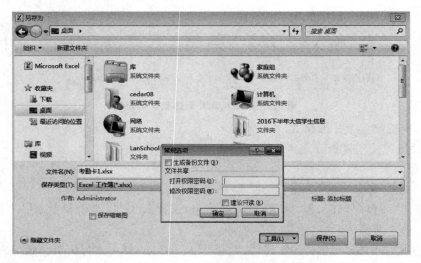

图 3.4　设置密码窗口

(4)打开工作簿

单击菜单"文件"|"打开",或单击"常用"工具栏上的"打开"按钮,在弹出的对话框中选择或输入工作簿文件所在路径及文件名,单击"打开"按钮即可。

如果工作簿设置了打开权限密码,则只有正确输入了密码才能打开工作簿;如果设置了修改权限密码,则只有正确输入了密码才能以读写方式打开工作簿,否则只能以只读方式打开工作簿。

4. 工作表的基本操作

在一个工作簿中编辑工作表时,每次窗口中只能显示一个工作表,单击某个工作表的标签,就会把该工作表激活,成为当前工作表。

(1)插入、删除、移动、重命名工作表

如果用户要对工作表进行一些基本操作,如插入、删除、重命名、移动或复制工作表等,则可以在此工作表标签上单击鼠标右键,在弹出如图 3.5 所示的快捷菜单中选择相应的菜单项,然后根据提示完成相应操作。

【提示】复制工作表时,一定要选择勾选"建立副本"。工作表一旦被删除,是不可撤销的。

【任务 3】新建一个空白工作簿,将默认的工作表 Sheet1 重命名为"计算机 151 班",并将计算机 151 班工作表复制一份,删除工作表 Sheet2。最后保存该工作簿为"工作簿 3.xlsx"。

操作步骤如下:

①单击"文件"按钮,然后单击"新建"命令,选择"空白工作簿",双击确定。

②右键点击 Sheet1 工作表,选择"重命名",键入"计算机 151 班",回车确定。

③选择计算机 151 班工作表,鼠标右键单击,选择"移动或复制",勾选上"建立副本",如图 3.6 所示,单击"确定"按钮。

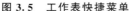

图 3.5　工作表快捷菜单　　　　　　　　图 3.6　移动或复制工作表窗口

④选择 Sheet2 工作表,鼠标右键单击,选择"删除"。有内容时会弹出是否确定的窗口。此操作是不可撤销的。确定要删除再单击"确定"按钮。将文件保存或另存为"工作簿 3.xlsx"。

(2)隐藏工作表

在 Excel 2010 中,可以有选择地隐藏工作簿中的一个或多个工作表。这些工作表一旦被隐藏,则无法显示其内容,除非撤销对该工作表的隐藏。要隐藏工作表,首先选定该工作表,然后单击菜单"视图"从中找到"窗口"项的"隐藏"项。若要撤销隐藏恢复显示,则单击菜单"视图"中"窗口"项下的"取消隐藏"项,并选择要恢复的工作表。

(3)拆分工作表窗格

对于一些较大的工作表,可以将其按横向或纵向进行拆分,这样就可以在几个区域中同时观察或编辑同一工作表的不同部分。

用鼠标拖曳横向或纵向拆分条到适当的位置,释放鼠标即可完成拆分效果。拆分后,在任何区域内做的修改和设置的结果都会反映在其他区域内。拆分后,"视图"|"窗口"|"拆分"的选项会变成黄色,表明已设置拆分。再点击一次,即可取消拆分。

(4)冻结工作表窗格

如果在观察或编辑工作表时,需要使标题行或列的内容在窗格中固定不动,可以对这些内容所在的单元格进行冻结。

要冻结工作表窗格,首先指明冻结的位置,然后单击菜单"视图"|"窗口"|"冻结窗格",即可选择冻结窗格操作,如图 3.7 所示,这时会在冻结行的下边或冻结列的右边出现一条直线表示冻结的位置。冻结的位置按如下规则确定:

- 冻结拆分窗格:滚动工作表其余部分,保持行和列可见。
- 冻结首行:滚动工作表其余部分时,保持首行可见。

图 3.7　冻结窗格菜单

- 冻结首列:滚动工作表其余部分时,保持首列可见。

冻结窗口后,第一个选项"冻结拆分窗格"会变为"取消冻结窗格",点击即可取消冻结窗格。

5. 单元格的基本操作

(1)选定单元格

在 Excel 2010 中,对单元格的操作都是针对活动单元格的,因此,在对单元格进行操作之前,必须先将目标单元格选定为活动单元格。活动单元格的周围会出现加粗的边框,且它所对应的行号和列号以粗体表示,在地址栏中会出现该单元格的名称。

①选定某一个单元格

单击某个单元格即选中该单元格。

②选定连续的矩形单元格区域

方法一:用鼠标单击矩形区域左上角单元格,然后拖曳鼠标至矩形区域右下角单元格。

方法二:先用鼠标单击矩形区域左上角的单元格,然后按住 Shift 键的同时单击矩形区域右下角单元格。

③选定不连续的单元格区域

选定不连续的单元格区域,需要先选定第一个区域,然后按住 Ctrl 键的同时选定其他区域。

④选定整行或整列

单击行号可选定整行,单击列号可选择整列,单击工作表行号和列号交叉处可选定整个工作表。

(2)插入行、列或单元格

Excel 2010 根据选定的范围不同,插入操作的步骤略有不同。如图 3.8 所示,如果选择"插入工作表行",则系统默认在选定行或选定单元格所在的行的上方插入新行,原有行下移;如果选择"插入工作表列",则系统默认在选定列或选定单元格所在的列的左侧插入新列,原有列右移。

图 3.8　插入行列菜单

如果选择"插入单元格",则会弹出如图 3.9 所示的窗口,根据需要在对话框中选中相应的单选按钮。

(3)删除行、列或单元格

Excel 2010 根据选定的范围不同,删除操作的步骤略有不同,如图 3.10 所示。或者单击右键在快捷菜单中选择"删除"命令,则会弹出"删除"对话框。根据需要在对话框中选中相应的单选按钮,如图 3.11 所示。

图 3.9　插入单元格窗口

(4)移动、复制单元格

①移动单元格

在 Excel 2010 中移动单元格,首先选中需要移动的单元格,然后将鼠标放到该单元格的边框线上,当鼠标成双十字时,可以通过拖曳鼠标,将该单元格移动到目标单元格中。也可以通过菜单"开始"|"剪贴板"|"剪切"和"粘贴"操作完成。复制单元格也可以通过拖曳鼠标来完成,只需在拖曳鼠标同时标时按下 Ctrl 键。

②复制单元格

由于单元格可以包含公式、数值、格式、批注等内容,因此如果要复制其中特定内容而不是

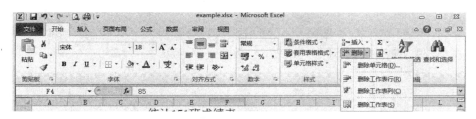

图 3.10 删除行列菜单

所有内容时,则要使用"选择性粘贴"对话框来完成,如图 3.12 所示。

图 3.11 删除
单元格窗口

【任务 4】打开"工作簿 4.xlsx",选择工作表 Sheet1 中所有同学的成绩复制,转置粘贴到工作表 Sheet2 中,保存文件。

操作步骤如下:

①单击"文件"按钮,然后单击"打开"命令,选择"工作簿 4.xlsx";

②选定要复制的单元格或单元格区域,鼠标右键单击,在弹出的菜单中选择"复制"或者按下"Ctrl+C"组合键;

③点击工作表 Sheet2,单击菜单"开始"|"粘贴"|"选择性粘贴",或单击右键在快捷菜单中选择"选择性粘贴",打开"选择性粘贴"对话框,

图 3.12 "选择性粘贴"对话框

如图 3.12 右图所示;

④勾选上"转置"选项,表示将待复制的单元格区域行列互换后粘贴到目标区域。保存文件。

【任务 5】打开"工作簿 5.xlsx",输入如图 3.13 所示的样图数据,删除表中 B 列,在第 3 行前插入一行数据为"李白云,89,78,90,67",将第 2 行至第 9 行的行高设置为 20,第 2 列至第 5 列的列宽设置为 15。列标签"语文""数学""英语""政治"居中显示,所有成绩均居中显示。保存文件。

操作步骤如下:

①单击"文件"按钮,然后单击"打开"命令,选择"工作簿 5.xlsx"。

②依次输入如图 3.13 所示的内容。

③输入完成后,用鼠标点击 B 列的列标签,单击鼠标右键,选择"删除"菜单。

④用鼠标点击第三行的任意一个单元格,单击鼠标右键选择"插入"菜单,在如图 3.9 所示

	A	B	C	D	E	F
	姓名	物理	语文	数学	英语	政治
1						
2	陈大平	61	67	51	79	80
3	陈美华	63	83	90	78	71
4	关汉瑜	64	52	47	64	83
5	梅颂军	65	90	78	88	67
6	蔡雪敏	66	68	62	74	90
7	林淑仪	67	79	84	65	73
8	区俊杰	68	47	53	32	58

图 3.13　样图数据

对话框中选择"整行"或者选择"开始"|"单元格"|"插入"下拉菜单中选择"插入工作表行",然后将数据依次填入。

⑤单击行标签2,按下"Shift"键同时单击行标签9,或者拖动鼠标选中行标签2到行标签9,单击鼠标右键,选择"行高"菜单,弹出如图 3.14 所示对话框,填入"20",单击"确定"按钮。

⑥单击列标签B,按下"Shift"键同时单击列标签E,或者拖动鼠标选中列标签B到列标签E,单击鼠标右键,选择"列宽"菜单,弹出如图 3.15 所示对话框,填入"15",单击"确定"按钮。

图 3.14　行高

图 3.15　列宽

⑦选择单元格区域 B1:E9,在"开始"|"对齐方式"中选择"居中对齐"的快捷菜单,效果如图 3.16 所示。

	A	B	C	D	E
1	姓名	语文	数学	英语	政治
2	陈大平	67	51	79	80
3	李白云	89	78	90	67
4	陈美华	83	90	78	71
5	关汉瑜	52	47	64	83
6	梅颂军	90	78	88	67
7	蔡雪敏	68	62	74	90
8	林淑仪	79	84	65	73
9	区俊杰	47	53	32	58

图 3.16　效果图

实验二　工作表的输入和格式化

一、实验目的

1. 掌握工作表数据的输入方式、序列的填充；
2. 掌握工作表的格式化方法（设置字符格式、数字格式、对齐方式、边框和底纹）。

二、实验内容

1. 输入数据

Excel 2010 提供了 3 种输入方式：直接输入、填充数据和从外部导入。如果对已有数据进行统一的更新，还可以使用"查找和选择"菜单下的"替换"功能。

（1）直接输入数据

选定好活动单元格之后，直接在单元格或编辑栏输入数据。如果要在单元格区域内输入相同数据，首先选定单元格区域（可以是不连续单元格区域），然后输入数据，最后按"Ctrl＋Enter"组合键确认。

如果输入的内容在本列单元格中已存在，可使用下拉列表来完成。鼠标右键单击要输入文本的单元格，在弹出的快捷菜单中选择"从下拉列表中选择"，然后在列表中选择需要的文本，即可将文本填入选定的单元格中。

输入完毕后，可以通过三种方式确认输入：

方法一：按 Enter 键，这时活动单元格还将下移一行。

方法二：按 Tab 键，这时活动单元格还将右移一列。

方法三：单击编辑栏左侧的 ✓ 按钮，此时活动单元格不会移动。

在单元格中可以输入的数据包括文本、数值、日期和时间、公式和函数等。

①输入文本型数据

在默认状态下，文本输入是左对齐的，对于数字形式的文本型数据，如电话号码、邮政编码等，输入时在数字前加单引号（半角输入）。当输入的文字长度超过单元格宽度时，如果右边单元格无内容，则扩展至右边列显示；否则将截断显示。

②输入数值型数据

在默认状态下，所有数值在单元格中均右对齐。在 Excel 2010 中输入数值还应遵循以下规则：

• 采用"常规"格式的数字长度为 11，如果输入数据太长，Excel 自动以科学计数法显示。

• 数值除了数字（0～9）组成的字符串外，还包括＋、－、E、e、￥、/、％以及小数点（.）和千分位符号（,）等特殊字符（如￥10,000）。

• Excel 忽略数字前面的正号"＋"。并将单一的点"."当作小数点。其他数字与非数字的组合被看成是文本。

• 输入负数需要在数值前面加上负号"－"，或者将数值放在括号中。例如，输入"－5"和（5），Excel 2010 都将它看作是负数。

• 输入分数需要先输入一个"0"，再输入一个空格，再输入分数，如 0（空格）1/3，否则系统会自动将该分数转换成日期型。

③输入日期型数据

在系统默认的情况下,日期按年、月、日或日、月、年(英文)的顺序输入,中间用连字符"-"或者"/"分割。如 2017/10/11、2017-10-11 或 2017 年 10 月 11 日都能被系统正确识别。如果要输入当天日期,可按"Ctrl+;"组合键。

④输入时间

系统默认的时间是 24 小时制的。如果按 12 小时制输入时间,则应在时间数字后输入空格,并键入后缀"am"(上午)或者"pm"(下午)。如果要输入当前时间,可按"Ctrl+Shift+;"组合键。

⑤输入公式和函数

选择单元格,然后输入=(等号),也可以单击"编辑公式"按钮或"粘贴函数"按钮,Excel将插入一个等号,接着输入公式内容,按 Enter 键。具体公式和函数的使用在实验四中有详细介绍。

⑥输入批注

使用批注可以对单元格进行注释。插入批注后,单元格的右上角会出现一个红色的三角块,鼠标指针停留在单元格上就可以查看批注。要插入批注,首先选定需要添加批注的单元格,然后单击菜单"审阅"|"批注"|"新建批注"或者鼠标单击右键在弹出菜单中选择"插入批注"。在弹出的批注框中输入批注内容,最后单击批注框外任意的工作表区域即可完成批注输入。

删除批注操作也类似,选中有批注的单元格,单击菜单"审阅"|"批注"|"删除"或鼠标单击右键在弹出的菜单中选择"删除批注"即可。

(2)填充数据

填充数据就是在连续单元格内输入有规律的数据。这组有规律的数据可以是等差数列、等比数列、Excel 2010 本身提供的预定义序列,也可以是用户的自定义序列。

①快速填充数值和日期序列

对于数值型和日期型数据,它们的序列通常不是固定的,因此只需要临时定义,填充完以后也不必保存。自动填充根据初始值决定以后的填充项。例如 A1 单元格的值为 2,A2 单元格的值为 4,选中 A1、A2 两个单元格,按住单元格区域右下方的填充柄,系统根据默认的两个单元格的等差关系(步长为 2),在拖曳到的单元格内依次填充等差数列的后几项,效果如图 3.17 所示。

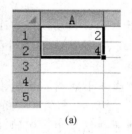
(a)

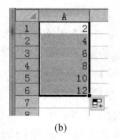
(b)

图 3.17　数据填充示意图

(a)填充前　(b)填充后

这时系统默认为等差数列,也可以不选择默认,而选择等比数列。方法为:按住鼠标右键向下拖动,则弹出如图 3.18(a)所示菜单,选择"等比序列"菜单即可。效果如图 3.18(b)所示。

(a)

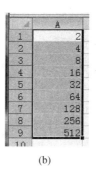

(b)

图 3.18　等比序列示意图

(a)右键菜单　　(b)等比序列效果图

数据填充不止一种操作方式,具体操作有以下几种:

• 使用填充柄:将鼠标指针移至数据填充的起始单元格的右下角,当鼠标指针变成"细十字"状时(即"填充柄"),按住鼠标左键向下或向右拖拉进行数据填充。

• 使用鼠标右键:将鼠标指针移至数据填充的起始单元格的右下角,当鼠标指针变成填充柄时,按住鼠标右键不放,向下或向右拖拉,释放鼠标右键,在弹出的如图 3.18(a)所示菜单中,选择对应的填充选项,如"填充序列""等差数列"等。

• 使用组合键:Ctrl+D 组合键的功能是将选定范围内最顶层单元格的内容和格式复制到下面的单元格中,Ctrl+R 组合键的功能是将选定范围最左边单元格的内容和格式复制到右边的单元格中。

• 双击填充柄:将鼠标指针移至数据填充的起始单元格的右下角,当鼠标指针变成"细十字"状时(即"填充柄"),双击该填充柄。注意,使用前提是相邻列(左列或右列)已有数据,填充时直到遇到相邻列的空白单元格为止。

如果数据类型为日期型,则右键弹出的菜单会自行做出调整,菜单可选项为"以天数填充""以工作日填充""以月填充"和"以年填充",如图 3.19(a)所示。也可以鼠标单击"开始"|"编辑"|"填充"的下拉菜单 图 ▼,如图 3.19(b)所示,则弹出如图 3.19(c)所示序列对话框,填入相关参数即可。

【任务 1】打开"格式 1. xlsx",从 A1 单元格开始往右填充从 2017 年 9 月 4 日(星期一)开始到 2018 年 1 月 31 日之间的所有星期一的日期,保存文件。

操作步骤如下:

a)选定要填充区域的第一个单元格,即 A1,输入序列的起始值,即"2017-9-4",并使该单元格仍是活动单元格。

b)单击"开始"|"编辑"|"填充"的下拉菜单"系列",打开对话框,并在对话框中输入有关参数,如图 3.20(a)所示,最后点击"确定"即可完成填充。效果如图 3.20(b)所示。

②填充自定义序列

Excel 2010 提供了 11 个预定义序列,而且大多数与时间有关,主要包括中英文星期序列

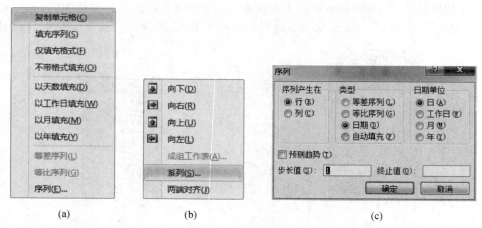

图 3.19　菜单示意图

(a)右键菜单　(b)填充菜单　(c)序列对话框

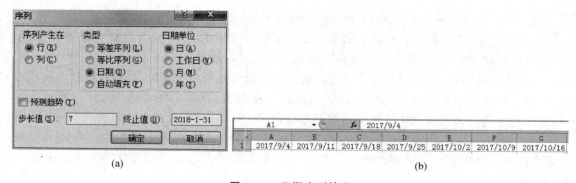

图 3.20　日期序列填充

(a)序列对话框　(b)效果图

和中英文月份序列等。用户可以单击菜单"文件"|"选项",在弹出的"Excel 选项"对话框的左侧选项卡中选择"高级",将其右侧下拉按钮拉到最底部,如图 3.21 所示。单击"编辑自定义列表"按钮,弹出"自定义序列"对话框,如图 3.22 所示。可以在其选项卡中输入新序列或修改系统已提供的序列。新序列使用时与系统预定义序列完全相同。

　　一般操作步骤如下:

　　选定要填充区域的第一个单元格,输入序列的起始值;在一行或一列上拖曳第一个单元格的填充柄,拖曳直至全部填充区域被选中,松开鼠标即完成填充任务。其中,从上向下或从左向右拖曳产生升序序列,从下向上或从右向左拖曳产生降序序列。

　　【任务 2】打开"格式 2.xlsx",使用填充数据方式在 A3:A14 输入工号 BC1001 至 BC1012,使用自定义序列在 C2:H2 输入"星期一"至"星期六",添加自定义序列"教授,副教授,讲师,助教",在 B3:B14 自动填充该序列。保存文件。

　　操作步骤如下:

　　a)选定 A3 单元格,输入"BC1001",将光标移动到该单元格右下角填充柄并按住鼠标,同时用鼠标向下拖曳到 A14 单元格即可。

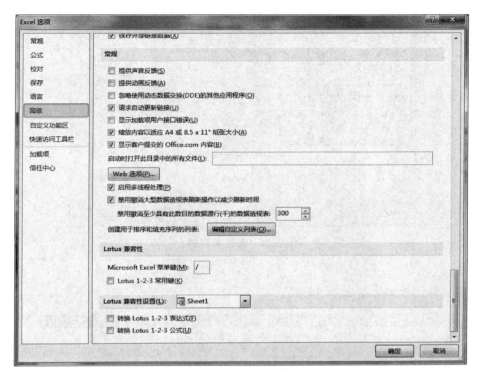

图 3. 21　Excel 选项

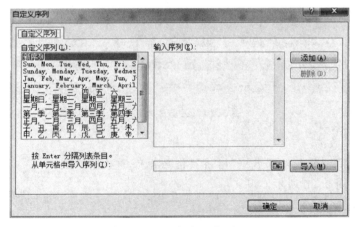

图 3. 22　自定义序列

b) 选定 C2 单元格,输入"星期一",将光标移动到该单元格右下角填充柄并按住鼠标,同时用鼠标向右拖曳到 H2 单元格即可。

c) 单击菜单"文件"|"选项",在弹出的"Excel 选项"对话框的左侧选项卡中选择"高级",将其右侧下拉按钮拉到最底部,如图 3. 21 所示。

d) 单击"编辑自定义列表"按钮,弹出"自定义序列"对话框,在右边"输入序列"的多行编辑栏中依次填入"教授,副教授,讲师,助教"四行内容,用回车键分行。单击"添加"按钮,如图 3. 23 所示。

e) 选定 B2 单元格,输入"教授",将该单元格右下角填充柄按住鼠标向下拖曳到 B14 单元

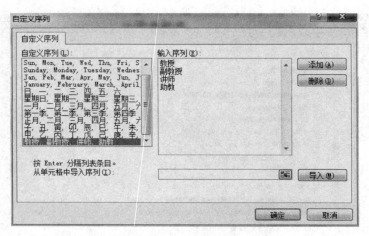

图 3.23   自定义序列

格即可。

　　f)保存文件。效果如图 3.24 所示。

	A	B	C	D	E	F	G	H
1	公司考勤表							
2	工号	职称	星期一	星期二	星期三	星期四	星期五	星期六
3	BC1001	教授						
4	BC1002	副教授						
5	BC1003	讲师						
6	BC1004	助教						
7	BC1005	教授						
8	BC1006	副教授						
9	BC1007	讲师						
10	BC1008	助教						
11	BC1009	教授						
12	BC1010	副教授						
13	BC1011	讲师						
14	BC1012	助教						

图 3.24   任务 2 效果图

　　(3)从外部导入数据

　　利用菜单"数据"|"获取外部数据"可将其他数据库的数据导入，也可以是文本。如图 3.25 所示。

　　2. 工作表的格式化

　　Excel 2010 提供了丰富的格式编辑功能，包括单元格内容的字符格式设置、数字格式设置、表格的边框和底纹设置、单元格行高和列宽设置等。用户可以轻松更改数据在单元格中的显示方式，还可

图 3.25   获取外部数据

以为单元格添加图案和边框，可以在鼠标右键快捷菜单"设置单元格格式"对话框中修改大部分的格式设置，也可以在"自定义"选项卡的自定义"单元格格式"中没有提供的单元格格式或者在"开始"|"样式"|"新建单元格样式"中新建一个全新的符合用户自己需求的单元格样式。

　　(1)设置单元格字符格式

　　字符格式包括字符的字体、字号、字形、颜色、下划线和特殊效果(删除线、上下标)等。如

果要对单元格内的所有字符设置相同的格式,则选中单元格或单元格区域,如果只对单元格内的部分字符设置格式,则要先单击该单元格,然后在编辑栏内选定要设置格式的字符,或双击单元格,然后在单元格内选定要设置格式的字符。选定对象后,进行格式设置的方法与在 Word 中进行设置的方法类似,可以利用"设置单元格格式"对话框的"字体"选项卡或"开始"|"字体"功能区来完成,如图 3.26 和图 3.27 所示。

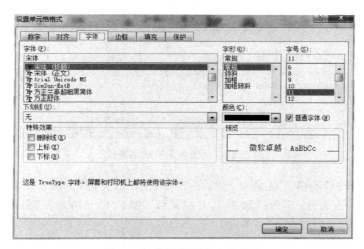

图 3.26　设置单元格字符格式

图 3.27　"开始"菜单功能区

【提示】单元格字符的格式只在单元格内显示,在编辑栏内不显示格式。

(2)设置单元格数字格式

在单元格中输入的数字通常按常规格式显示,如果需要使用货币格式、时间日期形式、科学计数法等特殊格式,则应对数字进行格式设置。同上也有两种方法设置,即可以利用"设置单元格格式"对话框的"数字"选项卡或"开始"|"数字"功能区来完成,如图 3.28 和图 3.27 所示。

如图 3.27 所示,下面介绍这几个常用的数字格式设置按钮。

• "货币样式"按钮：在选定区域的数字前加上人民币符号"￥"。

• "百分比样式"按钮 **%**：将数字乘以 100,并在结尾处加上百分号"％",使数字转化为百分数格式显示。

• "千位分隔样式"按钮 **,**：使数字从小数点向左每三位之间用逗号分隔。

• "增加小数位数"按钮 和"减少小数位数"按钮：每单击一次,使选定区域数字的小数位数增加或减少一位。

【提示】对于货币格式和日期格式的数字,如果单元格中显示"＃＃＃＃＃",则表示数据在单元格内显示不下,只要适当增加该列的宽度就可以正常显示内容。

【任务 3】打开"格式 3.xlsx",设置单元格区域 A3:A7 的单元格格式数字类型为文本;设置

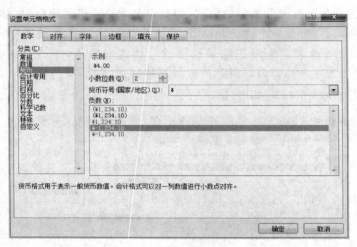

图 3.28　设置单元格数字格式

单元格区域 D3：D7 的日期格式显示为 2001 年 3 月 14 日的类型；新建一个名为"FS"的单元格样式，其数字格式为百分比，小数位数为 1，并应用到 F3：F7 单元格区域；保存文件。

操作步骤如下：

①选定单元格区域 A3：A7，单击右键弹出快捷菜单选择"设置单元格格式"，单击"数字"选项卡，在"分类"中选择"文本"，单击"确定"按钮。

②选定单元格区域 D3：D7，单击右键弹出快捷菜单选择"设置单元格格式"，单击"数字"选项卡，在"分类"中选择"日期"，"类型"选择"2001 年 3 月 14 日"的示例类型，单击"确定"按钮。

③选择"开始"|"样式"最右下角的下三角形下拉按钮，选择"新建单元格样式"菜单，弹出"样式"对话框，如图 3.29 所示。

④在"样式名"中输入"FS"，点击"格式"按钮，在弹出的"设置单元格格式"对话框中按题意设置"数字"选项卡的"分类"为"百分比"，"小数位数"为"1"，单击"确定"按钮。

⑤选择单元格区域 F3：F7，如图 3.30 所示点击"FS"样式。

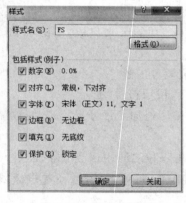

图 3.29　样式对话框

图 3.30　"FS"样式

⑥保存文件，效果如图 3.31 所示。

	A	B	C	D	E	F
1	计算机学院2014届必修课程表					
2	教师编号	课程号	课程名称	上课时间	学分	平时成绩比重
3	20060001	11	计算机应用	2014年2月1日	3.5	30.0%
4	20060001	13	C语言设计	2014年2月5日	4	40.0%
5	20060002	14	数据库原理	2014年2月3日	6	35.0%
6	20060003	12	数据结构	2014年4月1日	4	50.0%
7	20060003	11	计算机应用	2014年3月5日	5	30.0%

图 3.31　任务 3 效果图

（3）设置对齐方式

单元格输入内容时，默认情况下的对齐方式是：文本沿单元格左边界对齐，数值右对齐。数据的对齐方式可以修改，以适应不同的要求。同样可以利用"设置单元格格式"对话框的"对齐"选项卡或"开始"|"对齐"功能区来完成，如图 3.32 和图 3.27 所示。

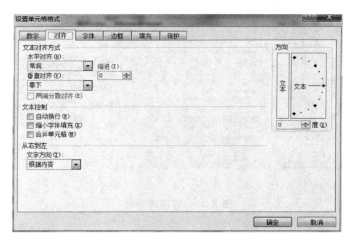

图 3.32　设置单元格对齐方式

• 文本对齐方式分水平对齐和垂直对齐两种。其中水平对齐中的"靠左""居中"和"靠右"分别对应"格式"工具栏中的"左对齐"按钮▤、"居中"按钮▤和"右对齐"按钮▤。垂直对齐通常用于单元格高度大于文字高度的情况。

• "文本控制"中的"合并单元格"表示将多个单元格合并为一个单元格，使文本跨多列或多行显示。单击该复选框，并在"水平对齐"中选择"居中"，其作用与单击"格式"工具栏中的"合并及居中"按钮相同。该功能通常用于表格的标题。

• "方向"框用来设置单元格中文本旋转的角度，角度范围为 $-90°\sim90°$。

【提示】请读者思考"水平对齐"方式中的"跨列居中"方式与"合并及居中"按钮有什么不同？

【任务 4】打开"格式 4.xlsx"，设置单元格区域 A1:F1 合并后居中，垂直对齐为顶端对齐；设置单元格区域 A2:F2 垂直对齐为居中，文字方向为 45°，文字方向为从右至左；设置单元格区域 A3:A10 靠左缩进，垂直对齐为两端对齐，缩进量为 1；设置单元格区域 B2:E10 套用表格样式为表样式浅色 17,表包含标题;保存文件。

操作步骤如下:

①选定单元格区域 A1:F1,单击右键,在快捷菜单中选择"设置单元格格式"的"对齐"选项卡,在"水平对齐"中选择"居中",勾选上"合并单元格",在"垂直对齐"中选择"靠上"。

②选定单元格区域 A2:F2,单击右键,在快捷菜单中选择"设置单元格格式"的"对齐"选项卡,在"垂直对齐"中选择"居中","文字方向"选择"总是从右到左","方向"中填入"45°"。

③选定单元格区域 A3:A10,单击右键,在快捷菜单中选择"设置单元格格式"的"对齐"选项卡,在"水平对齐"中选择"靠左(缩进)","缩进"中填入"1"。

④选定单元格区域 B2:E10,在"开始"|"样式"|"套用表格格式",在"浅色"中选择 17,如图 3.33(a)所示。在弹出的"创建表"对话框中勾选上"表包含标题",如图 3.33(b)所示。

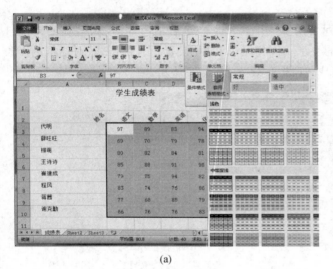

(a)　　　　　　　　　　　　　　　　　　　　　(b)

图 3.33　行高或列宽

(a)"套用表格格式"菜单　(b)"创建表"对话框

⑤保存文件。效果如图 3.34 所示。

图 3.34　任务 4 效果图

（4）添加边框和底纹

为工作表添加各种类型的边框和底纹，可以起到美化工作表的目的，使工作表更加清晰明了。注意，打开 Excel 工作簿时所看到的灰色的边框叫作"网格线"，在打印的时候打印纸上不显示该网格线。如果想打印出有边框的表格，必须预先设置好单元格的边框线。

①添加边框

同样有两种方法：可以利用"设置单元格格式"对话框的"边框"选项卡或"开始"|"字体"功能区的 田▾ 按钮的下拉菜单来完成，如图 3.35 和图 3.36 所示。图 3.35 所示在"样式"列表中选择添加的边框线型，在"颜色"下拉列表中选择边框的颜色。单击预置选项、中部的预览草图及预览草图周围的按钮为选定的区域添加边框。图 3.36 所示按钮面板中每个按钮的实线代表将为选定单元格或单元格区域相应边框添加的线型。

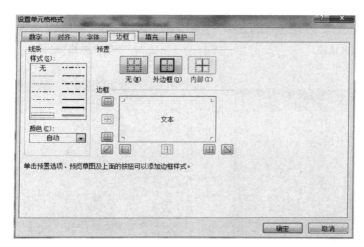

图 3.35 "边框"选项卡

图 3.36 边框下拉菜单

②添加底纹

同样有两种方法：可以利用"设置单元格格式"对话框的"填充"选项卡或"开始"|"字体"功能区的"填充颜色"按钮 ♠▾ 来完成。

利用"设置单元格格式"对话框可以添加更多颜色的背景，同时还能设置单元格底纹的类型和颜色，并预览设置的效果，如图 3.37 所示。"背景色"可以选择某种颜色，也可以单击"填充效果"按钮，在弹出的"填充效果"对话框中选择相关参数。在"图案颜色"下拉列表中选择背景颜色，在"图案样式"下拉列表中选择各种类型的图案。

在 Excel 的"填充颜色"按钮 ♠▾ 的下拉列表中也可以单击"其他颜色"菜单，单击某一颜色为选定单元格或单元格区域添加背景颜色，如图 3.38 所示。

【任务 5】打开"格式 5.xlsx"，为单元格区域 A2:F8 添加标准色橙色的双实线外边框；为 A3:F8 单元格区域设置背景：填充效果为双色渐变，颜色 1RGB 值为（R:238,G:236,B:225），颜色 2RGB 值为（R:184,G:204,B:228），底纹样式为角部辐射；保存文件。

操作步骤如下：

①选定单元格区域 A2:F8，单击右键，在弹出的快捷菜单中选择"设置单元格格式"，选择"边框"选项卡，"样式"选择第二列最下部的双实线，"颜色"下拉框中选择"标准色橙色"，单击

"外边框"按钮,如图 3.39(a)所示。

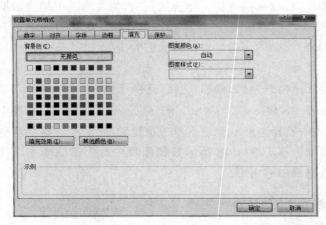

图 3.37　"填充"选项卡

图 3.38　"填充效果"对话框

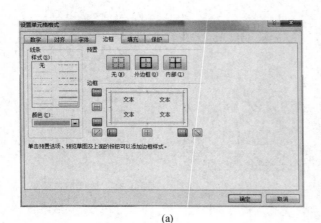

(a)

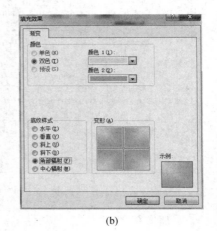

(b)

	A	B	C	D	E	F
1			某公司个人信息表			
2	编号	姓名	职位	出生年月	工作时间	基本工资（￥）
3	001	张翔	主任	23832	32174	1400
4	002	王洁	秘书	27486	33420	1300
5	003	李富	科员	22014	34091	1200
6	004	赵双	职员	27454	35160	800
7	005	甄为	副主任	28747	33848	1200
8	006	成项谢	科员	28339	35954	1000

(c)

图 3.39　添加边框和底纹

(a)设置单元格格式　(b)填充效果　(c)任务 5 效果图

　　②选定单元格区域 A3:F8,单击右键,在弹出的快捷菜单中选择"设置单元格格式",选择"填充"选项卡,单击"填充效果"按钮,在弹出的"填充效果"对话框中选择"双色","颜色 1"中单击"其他颜色"下的"自定义"选项卡,RGB 中分别输入相应值,单击"确定"按钮。颜色 2 做相同操作,参数填写不同值即可。如图 3.39(b)所示。

③保存文件,效果如图 3.39(c)所示。

(5)调整行高和列宽

当用户建立工作表时,所有单元格具有相同的宽度和高度。在默认情况下,当单元格中输入的字符串超过列宽时,超出的文字将被截去,数字则用"＃＃＃＃＃"表示。当然,单元格内的信息并没有丢失,完整的数据在编辑栏内可以看到,只是在单元格内无法正常显示而已。因此可以调整行高和列宽,以便于数据的完整显示。工作表中的行高默认值为 13.5,列宽默认值为 8.38。

常用调整行高或列宽的方法有以下两种。

方法一:利用鼠标调整。列宽和行高的调整用鼠标来完成比较方便。鼠标指向要调整列宽(或行高)的列号(或行号)的分隔线上,这时,鼠标指针会变成一个双向箭头的形状,这时按下鼠标左键,拖曳分隔线至适当的位置后松开鼠标即可。

方法二:利用"开始"|"单元格"|"格式"|"列宽"或"行高"进行精确设置,如图 3.40 所示。

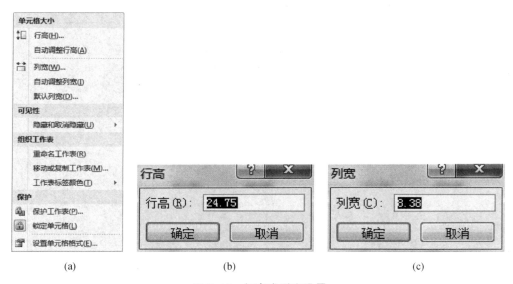

图 3.40 行高或列宽设置

(a)"格式"菜单 (b)行高 (c)列宽

其中,菜单中可选项含义如下:

• "行高"或"列宽"显示设置行高或列宽的对话框,如图 3.40(b)和(c)所示,输入所需高度或宽度,单击"确定"即可。

• "自动调整行高"或"自动调整列宽",Excel 自动选取选定行中最高的数据为高度自动调整行高,或选取选定列中最宽的数据为宽度自动调整列宽。

• "隐藏和取消隐藏",将选定行或列隐藏,即将它们的行高或列宽设为 0。或重新显示隐藏的行或列。

【任务 6】打开"格式 6.xlsx",将"Sheet1"表中 C、H 列取消隐藏,将 D、E 列隐藏;保存文件。

操作步骤如下:

①选中 A 列至 I 列,单击"开始"|"单元格"|"格式"|"隐藏和取消隐藏"|"取消隐藏列",则

隐藏的 C、H 列取消隐藏。

②选中 D、E 列,单击右键,在弹出的快捷菜单中选择"隐藏",如图 3.40(a)所示。

③保存文件,效果如图 3.41(b)所示。

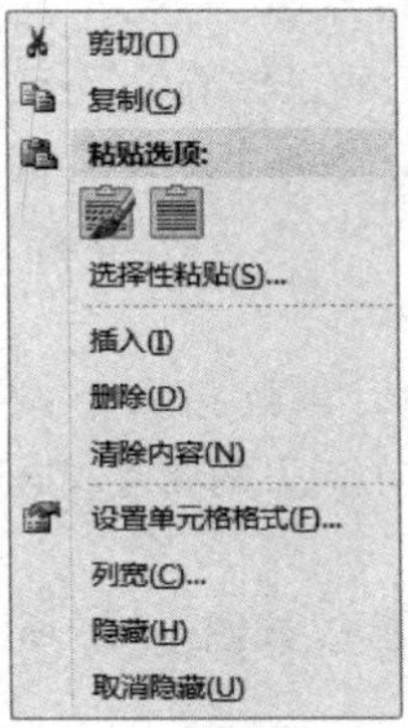

	A	B	C	F	G	H	I
1	2012年上半年南方集团公司员工销售情况一览表						
2	职工编号	姓名	分部门	3月	4月	5月	6月
3	9010	陈胜	一部	9	3.9	6.2	7.5
4	9001	陈依然	一部	6.8	2	2.9	3.6
5	9011	王静	二部	7.1	8.3	7.3	5.6
6	9012	李菲菲	二部	9	5.3	9.1	8.2
7	9013	杨建军	一部	9.5	9.6	9.9	9.8
8	9014	高思	三部	4.8	5.1	9.2	8.2
9	9002	王成	二部	8.7	8.3	7.3	5.6
10	9003	赵丽	三部	3.7	6.8	8.6	7.5

(a)　　　　　　　　　　　　　　　　(b)

图 3.41　隐藏行或列

(a)快捷菜单　　(b)任务 6 效果图

实验三　工作表的数据有效性和条件格式

一、实验目的

1. 掌握工作表数据有效性的设置；
2. 掌握工作表的条件格式；
3. 熟悉自动套用格式。

二、实验内容

1. 设置数据有效性

数据的有效性是指在单元格中输入的数据的类型和有效范围。在输入前可利用菜单"数据"|"数据工具"|"数据有效性"进行输入有效数据的设置，以阻止非法数据的输入（注意：如果在输入后设置数据有效性，则不会自动检测以前输入的数据是否有效）。除了可以设置数据的有效性，还可以设置输入数据的提示信息和输入错误时的提示信息。

在 Excel 中，可以为以下表 3.1 中所示类型进行有效验证。

表 3.1　数据有效性类型及要求

类型	要求
数值	指定单元格中的数值必须是整数或小数
日期和时间	设置最大值或最小值，将某些日期或时间排除在外，或使用公式计算日期或时间是否有效
长度	限制单元格中可以输入的字符个数，或要求至少输入的字符个数
值列表	为单元格创建一个选项序列，只允许在单元格中输入这些值

【任务 1】打开"条件 1. xlsx"进行以下操作。A 操作：当用户在 Sheet1 工作表选中"间隔"列的第 3 行至第 13 行中的某一行时，在其右侧显示一个下拉列表框箭头，并引用区域 G3：G5 的选择项供用户选择（注意：有效性条件中的来源中必须引用区域值）；B 操作：当用户选中"租价"列的第 3 行至第 13 行中的某一行时，在其右侧显示一个输入信息"介于 1 000～5 000 之间的整数"，标题为"请输入租价"，如果输入的值不是介于 1 000～5 000 之间的整数，会有样式为"警告"的出错警告，错误信息为"不是介于 1 000～5 000 之间的整数"，标题为"请重新输入"（注意：选择项必须按题述的顺序列出，A 操作的有效性条件为序列，B 操作的有效性条件为介于整数之间）；保存文件。

操作步骤如下：

①选定需要设置数据有效性的单元格或单元格区域。在本题 A 操作中，选定单元格区域 C3：C13，在本题 B 操作中，选定单元格区域 E3：E13。

②设置数据的有效性。单击菜单"数据"|"数据工具"|"数据有效性"，打开"数据有效性"对话框，在对话框的"设置"选项卡中设置数据的有效性条件，包括：

• 在"允许"下拉列表中制定可输入数据的类型，包括任何值、整数、小数等。根据此处指定的数据类型，Excel 2010 将自动调整下面的"数据"下拉列表框中的内容，并相应出现"最大值"与"最小值""开始时间"与"结束时间"等文本框或下拉列表框。

　　•在"数据"下拉列表中指定数据的限制条件,这些限制条件包括介于、未介于、等于、不等于、大于、小于、大于或等于、小于或等于。

　　•在"最小值"和"最大值"文本框中指定数据的范围。既可以在文本框中直接输入,也可以在工作表中选择某单元格的值作为范围。

　　【提示】如果要清除所有的有效性设置,可单击"全部清除"按钮。

　　在本题 A 操作中,将"允许"下拉列表框设为"序列","来源"设为"＝＄G＄3:＄G＄5",如图 3.42(a)所示,单击"确定"按钮即可。在本题 B 操作中,将"允许"下拉列表框设为"整数","数据"设为"介于","最小值"设为"1 000","最大值"设为"5 000",如图 3.42(b)所示,单击"确定"按钮即可。

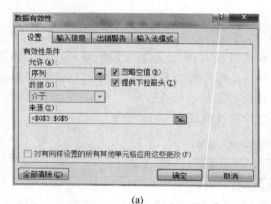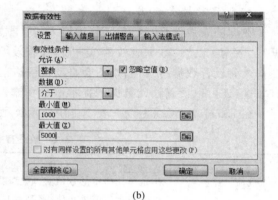

(a)　　　　　　　　　　　　　　　　　　　(b)

图 3.42　数据有效性

(a)操作 A 设置　　(b)操作 B 设置

　　③设置数据有效性提示信息。对设置了数据有效性的单元格可以设置提示信息,则当用户选定该单元格时就会显示提示信息。在"数据有效性"对话框中单击"输入信息"选项卡,在"标题"文本框中输入"请输入租价",在"输入信息"文本框中输入要提示的信息"介于1 000~5 000 之间的整数",如图 3.43(a)所示。

　　④设置数据输入错误警告信息。在设置了数据有效性的单元格中输入数据时,对于不在有效范围内的输入可以设置出错警告信息以提示用户。在"数据有效性"对话框中单击"出错警告"选项卡,在"样式"下拉框中选择"警告",在"标题"文本框中输入"请重新输入",在"错误信息"文本框中输入"不是介于 1 000~5 000 之间的整数",如图 3.43(b)所示。当用户输入错误时,Excel 2010 将会给出错误提示窗口。

　　⑤保存文件。请读者自行输入非法数据测试设置效果。

　　2. 条件格式

　　条件格式功能用于对选定单元格中的数值在满足特定条件时应用底纹、字体、颜色等格式,由此该单元格或单元格中数值会特别醒目。一般在需要突出显示公式的计算结果或监视单元格内容变化时应用条件格式功能。

　　【任务 2】打开"条件 2. xlsx",对 D3:D9、F3:F9 单元格区域分别采用条件设置填充样式,其中"谈吐"大于 4 分采用填充背景色为标准色深蓝,字体颜色为标准色黄色,对"总分"前三名采

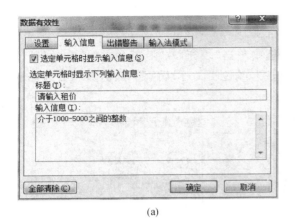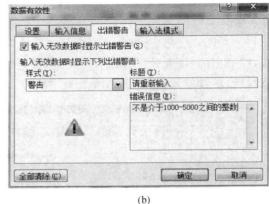

(a)　　　　　　　　　　　　　　　　　　(b)

图 3.43　数据有效性的其他选项卡输入

(a)输入信息　(b)出错警告

用字体颜色为标准色紫色,背景填充效果为双色,颜色 1 为标准色浅绿色,颜色 2 为标准色绿色,底纹样式为斜上;保存文件。

操作步骤如下:

①选定要设置条件格式的区域。先选择 D3:D9 单元格区域。

②单击"开始"|"样式"|"条件格式"右下角的下拉菜单,选择"新建格式规则"菜单,弹出"新建格式规则"对话框,如图 3.44(a)所示。

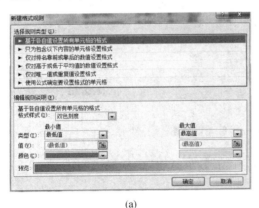

(a)　　　　　　　　　　　　　　　　　　(b)

图 3.44　新建格式规则

③在该对话框中选择"选择规则类型"为第二项"只为包含以下内容的单元格设置格式","编辑规则说明"的内容随之改变,在对话框中根据题意修改相应内容,如图 3.45 所示。

④在图 3.45 所示的"设置单元格格式"对话框中单击"字体"选项卡,将字体颜色设置为标准色黄色,单击"确定"按钮。效果如图 3.47(a)所示。

⑤选择 D3:D9 单元格区域,单击"开始"|"样式"|"条件格式"右下角的下拉菜单,选择"新建格式规则"菜单,弹出"新建格式规则"对话框,如图 3.44(a)所示。

⑥在该对话框中选择"选择规则类型"为第三项"仅对排名靠前或靠后的数值设置格式","编辑规则说明"的内容随之改变,在对话框中根据题意修改相应内容,如图 3.44(b)所示。

⑦在图 3.45 所示的"设置单元格格式"对话框中单击"字体"选项卡,将字体颜色设置为标准色紫色。

⑧在图 3.45 所示的"设置单元格格式"对话框中单击"填充"选项卡,单击"填充效果"按钮,在弹出的"填充效果"对话框中选择颜色为"双色",颜色 1 为标准色浅绿色,颜色 2 为标准色绿色,底纹样式为斜上,如图 3.46 所示。

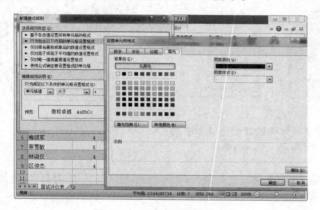

图 3.45　设置单元格格式

图 3.46　填充效果

⑨单击"确定"按钮,效果如图 3.47(b)所示。保存文件。

面试评价表					
姓名	礼仪	衣着	谈吐	笑容	总分
艾小群	4	3	3	4	14
陈美华	4	3	3	4	14
关汉瑜	3	3	4.8	4	14.8
梅颂军	4	5	3	5	17
蔡雪敏	5	3	3.5	4	15.5
林进仪	4	4	3	5	16
区俊杰	4	3	4.3	4	15.3

(a)

面试评价表					
姓名	礼仪	衣着	谈吐	笑容	总分
艾小群	4	3	3	4	14
陈美华	4	3	3	4	14
关汉瑜	3	3	4.8	4	14.8
梅颂军	4	5	3	5	17
蔡雪敏	5	3	3.5	4	15.5
林进仪	4	4	3	5	16
区俊杰	4	3	4.3	4	15.3

(b)

图 3.47　任务 2 效果图

【提示】对已设置的条件格式,可以单击"开始"|"样式"|"条件格式"右下角的下拉菜单,选择"清除规则"菜单即可。

3. 自动套用格式

Excel 2010 内置了很多种的制表格式供用户套用,这些格式中组合了数字、字体、对齐方式、边框、行高及列宽等属性。套用这些格式可以节省大量的时间,又有较好的效果。大大提高了工作效率。

【任务 3】打开"条件 3.xlsx",利用"套用表格格式"下的"表样式中等深浅 13"对 A2:F11进行格式化,并勾选"表包含标题";保存文件。

操作步骤如下:

①选定需要自动套用格式的单元格区域,即 A2:F11 单元格区域。

②单击菜单"开始"|"样式"|"套用表格格式"右下角的下拉菜单,弹出如图 3.48 所示菜单,选择"中等深浅"13 号样式。

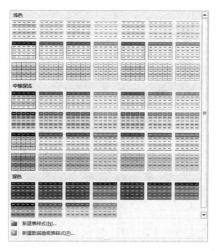

图 3.48 "套用表格格式"下拉菜单

③弹出如图 3.49 所示对话框,将数据来源选择为"=＄A＄2:$F＄11",勾选上"表包含标题",单击"确定"按钮,效果如图 3.50 所示。

图 3.49 "套用表格式"对话框

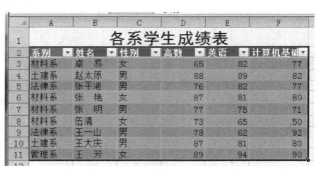

图 3.50 任务 3 效果图

实验四 公式和函数

一、实验目的

1. 掌握公式与函数含义；
2. 掌握输入和编辑公式；
3. 掌握单元格引用和区域引用；
4. 掌握各类函数的使用。

二、实验内容

公式是单元格中的一系列值、单元格引用、名称或运算符的组合，可生成新的值。即公式就是对工作表中的数值进行计算的等式。而函数是指预先定义，执行计算、分析等处理数据任务的特殊公式。Excel 的精华部分就在于它提供的各种各样简单到复杂的函数。这些函数可以直接使用，并运用到实际的工作生活中，从简单的数据分析到复杂的系统设置，不仅可以帮助人们轻松完成日常办公，而且能够对企业的经营管理以及战略发展提供一定的数据支撑。

1. 输入公式

在 Excel 中，公式是用运算符把要运算的数值、单元格引用和函数等相连接而成的表达式。它的特征是以"="开头，由常量、单元格引用、函数和运算符组成。一般在编辑栏手工输入。

运算符为一个标记或符号，可以对公式中的各种元素进行特定类型的运算。

Excel 2010 包含 4 种类型的运算符：算术运算符、关系运算符、文本连接运算符和引用运算符，表 3.2 给出了这 4 类运算符。

表 3.2 运算符

类别	运算符		含义	举例
算术运算符	＋	加		"＝3＋2" 值为 5
	－	减		"＝3－1" 值为 2
	＊	乘		"＝3＊2" 值为 6
	／	除		"＝3/2" 值为 1.5
	％	百分比		"＝3％" 值为 0.03
	^	乘幂		"＝3^2" 值为 9
关系运算符	＝	等于		"＝3＝3" 值为 TRUE
	＜	小于		"＝3＜2" 值为 FALSE
	＞	大于		"＝3＞2" 值为 TRUE
	＜＝	小于或等于		"＝3＜＝2" 值为 FALSE
	＞＝	大于或等于		"＝3＞＝2" 值为 TRUE
	＜＞	不等于		"＝3＜＞2" 值为 TRUE
文本连接运算符	＆	将两个文本连接起来		＝"江西"＆"九江"值为"江西九江"
引用运算符	：	单元格区域引用，将两个单元格之间的所有单元格进行引用		A1：C12
	，	单元格联合引用，将多个引用合并为一个引用		SUM(A1：C12,C8：D15)
	（空格）	产生对同属隶属于两个引用的单元格区域的引用		SUM(A1：D8,C8：D15)

　　如果公式中同时用到多个运算符时，Excel 对运算符的优先级做了严格规定。具体优先级如表 3.3 所示，相同优先级的运算符则将默认从左到右进行计算。

表 3.3　运算符优先级

级别	运算符	说明
1	:(冒号)	引用运算符
2	(单个空格)	引用运算符
3	,(逗号)	引用运算符
4	—	负号(如—123)
5	%	百分比
6	^	乘幂
7	*　/	乘除
8	+　—	加减
9	&	文本连接运算符
10	=　<>　>=　<=　>　<	比较运算符

　　【任务 1】请打开"公式 1. xlsx"，计算每个学生的总分和平均分。不可使用函数，用公式完成。保存文件。

　　【提示】在 I2 单元格的编辑栏中输入"＝D2＋E2＋F2＋G2＋H2"，把光标移动到单元格右下角的黑点上，按住鼠标左键向下拖动到第 13 行即可。J2 中输入"＝(D2＋E2＋F2＋G2＋H2)/5"，其他与上操作相同。

　　2. 单元格引用

　　当单元格存放的是公式时，公式一般包括数值和对其他单元格的引用。单元格引用方式不同，处理的方式也不同。

　　当对单元格内存放的数据进行编辑时，与该单元格有关的公式会自动重新计算。在公式和函数中引用单元格地址进行计算是非常方便的。引用单元格有相对引用、绝对引用和混合引用 3 种方式。单元格引用方法如表 3.4 所示。

表 3.4 单元格引用方法

引用名称	表示方法	示例
相对引用	列坐标行坐标	A1、B3
绝对引用	$列坐标$行坐标	A1、B3
混合引用	$列坐标行坐标	$A1、$B3
	列坐标$行坐标	A$1、B$3

　　(1)相对引用是指当公式在复制、移动时会根据移动的位置自动调节公式中引用单元格的位置，即相对引用中公式单元格和公式所引用单元格的相对位移保持不变。单元格的引用默认为相对引用。

　　(2)绝对引用是指当公式在复制、移动时不会改变公式中引用单元格的位置，即在绝对引用中引用单元格的位置是固定不变的。引用时在单元格地址的行号和列号前均加上"$"符号。

　　(3)混合引用是上述两种引用的结合,混合引用具有绝对列和相对行,或是绝对行和相对列两种混合。引用时在单元格地址的行号或列号前加上"＄"符号。绝对列引用列采用＄A1、＄B1等形式。绝对行引用行采用 A＄1、B＄1等形式。如果公式所在单元格的位置改变,则相对引用改变,而绝对引用不变。如果多行或多列地复制公式,相对引用自动调整,而绝对引用不做调整。

　　【任务2】打开"公式2. xlsx",在"奖金"列中计算每个人的奖金,公式为:奖金＝奖金基数＊奖金系数,公式中的奖金基数部分必须使用绝对引用。保存文件。

　　【提示】E4 单元格的公式为:＝＄B＄1＊D4,再用鼠标向下拖动公式。因为 B1 单元格的行与列前加了绝对引用符号＄,因此公式向下拖动时,绝对引用部分不会随着公式的拖动而改变参数。

　　【任务3】打开"公式3. xlsx",将 C9 单元格复制到 F9 单元格和 D11 单元格,计算结果。保存文件。

　　【提示】用鼠标右击 C9 单元格,选择"复制",分别在 F9 单元格和 D11 单元格粘贴。注意:复制公式时,公式本身的位置相对原来的位置增加 x 行 y 列,则公式里的参数也相应地增加 x 行 y 列。如果公式中某个参数前加了绝对引用符号,则该参数不变。

　　3. 输入函数

　　函数是一种预设的公式,它在得到输入值(即函数参数)以后就会执行运算操作,然后返回结果。使用函数可以简化和缩短工作表中的公式,特别适用于执行冗长或复杂计算的公式。Excel 2010 提供了许多内置函数,为用户对数据进行运算和分析带来了极大的方便。

　　(1)使用函数

　　函数的语法形式为:函数名称(参数1,参数2,……)。其中参数可以是常量、单元格、单元格区域、区域名或其他函数。若函数以公式形式出现,在函数名称前面键入等号。注意:函数中所有标点符号均为半角英文符号,尤其是小括号和逗号均是如此。其次,在 Windows 系列操作系统下函数大写与小写是等效的。示例:＝SUM(A1:D7,E7,F9),其中 SUM 为函数名称,圆括号里的均为参数,参数间用半角逗号分隔。注意圆括号可以嵌套使用,但左右括号必须数量匹配。参数如果是用中括号[]给出,则表明该参数为可选参数,即可以省略。

　　函数输入有两种方法:一种是粘贴函数法,另一种是直接输入法。一般用粘贴函数法比较方便,可通过鼠标单击"公式"菜单中的"插入函数"功能选项,则会弹出如图 3.51 所示的"插入函数"对话框。对于一些简单的或者比较熟悉的函数可以直接在单元格中输入,方法与在单元格中输入公式的方法一样。例如,要在单元格 B6 中求单元格 B2 到 B5 的数值之和,可以在单元格 B6 中输入"＝SUM(B2:B5)"。对于稍复杂一些的函数,可以利用 Excel 2010 提供的插入函数功能完成函数的输入。使用插入函数功能建立函数的操作过程如下:

　　①选定需要插入函数的单元格。

　　②单击"公式"菜单,点击 $\underset{\text{插入函数}}{fx}$,打开"插入函数"对话框,如图 3.51 所示。

　　③在"或选择类别"列表框中选择要插入函数的类型,然后在"选择函数"列表框中选择要使用的函数,例如选择"常用函数"类型中的 SUM 函数,单击"确定"按钮,打开"函数参数"对话框,如图 3.52 所示。

　　④根据提示在各参数文本框中输入函数的参数。若要将单元格引用作为参数,还可以单

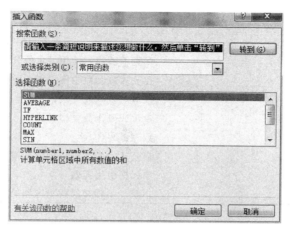

图 3.51　插入函数对话框

图 3.52　SUM 函数对话框

击![]按钮,"函数参数"对话框将最小化,然后用鼠标从工作表中直接选择单元格或单元格区域,选择完成后再点击![]按钮恢复"函数参数"对话框。

⑤在"函数参数"对话框中点"确定"按钮即可完成函数的插入。

对于经常要用到的函数如求和、计数、求平均值、求最大值和最小值函数,Excel 2010 在"开始"工具栏的"编辑"选项卡中提供了"自动求和"按钮**Σ**·,其下拉菜单还包括了以上几个常用函数,这些函数可以对当前单元格上方或左侧单元格中的数据进行自动计算。具体操作步骤如下:

①选定存放计算结果的单元格。

②单击"开始"工具栏的"编辑"选项卡中提供了"自动求和"按钮**Σ**·或按钮旁的三角按钮,在弹出的对话框中选择需要的函数,当前单元格中将自动插入函数,并给出函数运算对象的数据区域。当系统自动选择的数据区域不正确时,需要手工修改数据区域。用鼠标或者手动在编辑栏里修改均可。

③按回车键或单击编辑栏中的"输入"按钮![]完成。

3. 公式审核

当用户输入的公式出现错误而不能正确完成计算时,Excel 2010 将在单元格中显示出错信息。出错信息以"#"开头,后面跟特定的字符串,具体含义见表 3.5。

表 3.5 公式中常见出错信息及原因

错误值	出错原因
＃＃＃＃＃	列宽不够或者使用了负的日期或负的时间
＃NUM！	在公式或函数中使用了无效数字值
＃N/A	数值对函数或公式不可用
＃VALUE！	参数或操作数类型有错
＃DIV/0！	数字被零(0)除
＃NAME？	在公式出现无法识别的文本
＃REF！	单元格引用无效
＃NULL	指定并不相交的两个区域的交点

4．常用函数

Excel 2010 为用户提供的函数按功能可以分为以下 10 类。

• 文本函数:处理文本字符串。

• 逻辑函数:判断真假值,或进行条件检验。

• 日期与时间函数:分析和处理日期或时间型数据。

• 统计函数:对选定单元格区域进行统计分析,是 Excel 中使用频率最高的一类函数。

• 财务函数:进行财务计算,满足用户在财务金融计算方面的需求。

• 查找与引用函数:在工作表中查找某些特定的数据,或者查找某个单元格的引用。

• 数学与三角函数:进行数学和三角函数方面的计算。

• 信息函数:确定存储在单元格中的数据类型。

• 工程函数:进行工程分析。

• 数据库函数:分析数据清单中的数值是否符合特定条件。

表 3.6 给出了常用函数的名称和作用。

表 3.6 Excel 2010 常用函数及用途

函数名称	用途
SUM()	参数的所有数字相加。每个参数都可以是区域、单元格引用、数组、常量、公式或另一个函数的结果。
AVERAGE()	求参数的算术平均值。
MAX()	求参数中的最大值。
MIN()	求参数中的最小值。
COUNT()	计算包含数字的单元格以及参数列表中数字的个数。
IF()	执行真假值判断,根据逻辑测试的真假值,返回不同的结果。用它可对数值和公式进行条件检测。
YEAR()	返回某日期对应的年份。
NOW()	返回当前日期和时间所对应的序列数,它比 Today 函数多返回一个时间值。
DATE()	返回某一特定日期的序列数。
TODAY()	返回当前系统日期的序列数。
FV()	基于固定利率及等额分期付款方式,返回某项投资的未来值。

续表 3.6

函数名称	用途
PMT()	基于固定利率及等额分期付款方式,返回贷款的每期付款额。
PV()	返回投资的现值。现值为一系列未来付款的当前值的累积和。
RANK()	返回一个数字在数字列表中的排位。数字的排位是其大小与列表中其他值的比值。
VLOOKUP()	搜索某个单元格区域的第一列,然后返回该区域相同行上任何单元格中的值。
COUNTIF()	对区域中满足单个指定条件的单元格进行计数。
SUMIF()	当 IF 的值为"True"时,对区域中符合条件的单元格求和。
COUNTA()	计算区域中不为空的单元格的个数。
ROUND()	将某个数字四舍五入为指定的位数。
RAND()	返回大于等于 0 及小于 1 的均匀分布随机实数,每次计算工作表时都将返回一个新的随机实数。

下面我们介绍几个常用但比较复杂的函数。

(1)IF 逻辑函数

Excel 中逻辑函数有很多,其中使用频率最高的函数之一是 IF 逻辑函数。其语法形式为:

IF(logical_test,[value_if_true],[value_if_false])

IF 函数的作用是根据第一个参数 logical_test 逻辑计算的真假值返回不同的结果,当 logical_test 的值为真时,将第二个参数 value_if_true 的值作为函数的返回值,否则将第三个参数 value_if_false 的值作为函数的返回值。其中,第二或第三个参数可省略。

例如函数 IF(H2>=60,"及格","不及格"),当单元格 H2 中的数值大于或等于 60 时,函数值为"及格",否则函数值为"不及格"。图 3.53 和图 3.54 给出了 IF 函数的设置示意图和设置后单元格数值显示格式的效果。

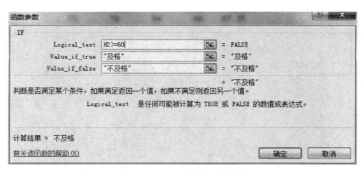

图 3.53　IF 函数对话框

当要对多个条件进行判断时,就要嵌套使用 IF 函数了,即在一个 IF 函数的参数中又包含了一个 IF 函数。Excel 2010 提供最多使用 64 个 IF 函数放入参数中进行嵌套。一般直接在编辑栏输入其嵌套函数表达式。如将上面 H2 单元格输入的成绩转换成优、良、中、及格和不及格五个等级,存放在 I2 单元格,则在 I2 单元格的编辑栏应输入公式:

=IF(H2>=90,"优",IF(H2>=80,"良",IF(H2>=70,"中",IF(H2>=60,"及格","不及格")))) 当然不止一种方法实现,如以下两种方法均可:

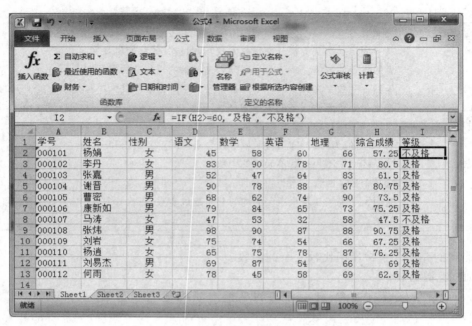

图 3.54　IF 函数计算效果图

＝IF(H2＜60,"不及格",IF(H2＜70,"及格",IF(H2＜80,"中",IF(H2＜90,"良","优"))))

＝IF(H2＞＝70,IF(H2＞＝80,IF(H2＞＝90,"优","良"),"中"),IF(H2＞＝60,"及格","不及格"))

效果如图 3.55 所示,对于其他学生的成绩转换,利用自动填充功能即可完成。

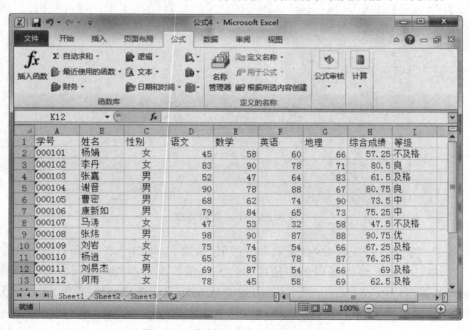

图 3.55　嵌套 IF 函数的使用效果图

【任务 4】打开"公式 4. xlsx",在"等级"列用 IF 函数计算每个同学的所属等级,60 分以下为"不及格",[60,70)为"及格",[70,80)为"中",[80,90)为"良",[90,100]为"优",计算完毕,保存文件。

【提示】如上所示。

【任务 5】打开"公式 5. xlsx",如果职称为"助教",则奖金为 800;职称为"讲师",则奖金为 1000;职称为"副教授",则奖金为 1200;职称为"教授",则奖金为 1600。保存文件。必须用公式实现。

【提示】E2 单元格输入"= IF(C2 = "教授",1600,IF(C2 = "副教授",1200,IF(C2 = "讲师",1000,800)))"。

(2)VLOOKUP 函数

使用 VLOOKUP 函数搜索某个工作表或者单元格区域的第一列,然后返回该区域相同行上任何单元格中的值。VLOOKUP 中的 V 代表的是垂直方向。还有一个函数是 HLOOK-UP,搜索的是水平方向,即第一行。

VLOOKUP 函数的语法形式为:

VLOOKUP(lookup_value,table_array,col_index_num,[range_lookup])

• lookup_value 表示要在工作表或区域的第一列中搜索的值,可以是某个值或某个单元格的引用。

• table_array 表示要包含的单元格区域。即要搜索的源数据。该数据区域的第一列数据要确保没有前导空格、尾部空格、单引号与双引号不一致或非打印字符,否则,VLOOKUP 函数可能返回不正确。在搜索数字或日期型数据时,要确保 table_array 第一列中的数据并未存储为文本值,否则 VLOOKUP 函数可能返回不正确。

• col_index_num 为列名称或列序号均可。

• 如果 range_lookup 为 true 或被省略(即缺省值),则必须按升序排列 table_array 第一列中的值,否则 VLOOKUP 函数可能返回不正确的值。如果 range_lookup 为 false 则不需对 table_array 第一列的值进行排序。如果 range_lookup 为 false,VLOOKUP 将只查找精确匹配值。如果 table_array 的第一列中有两个或更多值与 lookup_value 匹配,则使用第一个找到的值。

【任务 6】打开"公式 6. xlsx",使用函数搜索"信息查询"表中的员工号并在姓名列中查找与之匹配的值,搜索数据的信息表为"员工基本信息"表,必须用 VLOOKUP 函数。保存文件。

【提示】各参数如图 3.56 所示。

(3)FV/PMT 函数

财务函数常用的有 FV 函数和 PMT 函数,其中,FV 函数是计算基于固定利率和等额分期付款方式返回投资的未来值,PMT 函数是计算基于固定利率及等额分期付款方式,返回贷款的每期付款额。

下面介绍一下常见参数:

• Rate:利率。注意为月利率。所以如果给出的为年利率,则需要用"月利率 = 年利率/12"公式转换为月利率。

• Nper:付款期数。注意也要转换为月份数。如果单位为年,则需乘以 12 来转换。

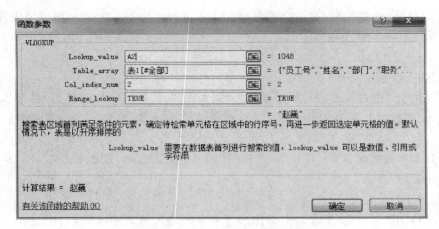

图 3.56　VLOOKUP 函数参数图

* Pmt:各期所应支付的金额,其数值在整个年金期间保持不变。
* Pv:现值,或一系列未来付款的当前值的累积和,也称为本金。
* Fv:可选。未来值,或在最后一次付款后希望得到的现金余额,如果省略 fv,则假设其值为 0。
* Type:可选,值为 0 或 1,用以指定各期的付款时间是在期初(值为 1)还是期末(值为 0),如果省略,缺省值为 0。

【任务 7】打开“公式 7.xlsx”。假如某人两年后需要一笔比较大的支出,计划从现在起每月初存入 2 000 元,如果按年利率 2.25%,按月计息,请在名称为“FV”的工作表中的 A8 单元格中使用 FV()函数计算两年以后该账户的存款额。保存文件。

【提示】各参数如图 3.57 所示。

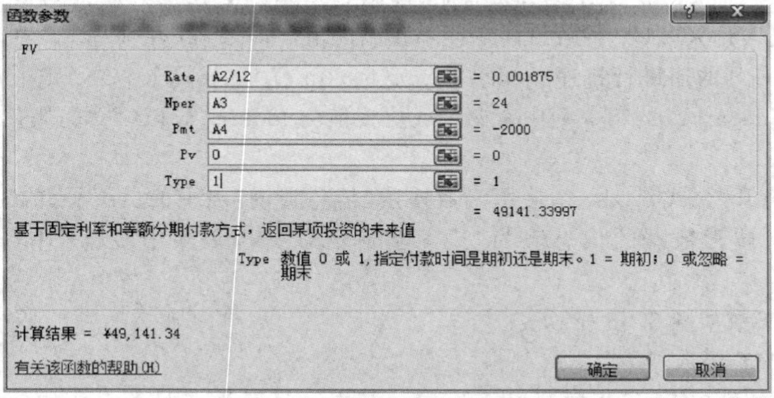

图 3.57　FV 函数参数图

【任务 8】打开“公式 7.xlsx”。年利率为 8%,支付的月份数为 10 个月,贷款额为 10 000元,请在名称为“PMT”的工作表中的 A8 单元格中使用 PMT()函数计算在这样的条件下贷款的月支付额。保存文件。

【提示】各参数如图 3.58 所示。

其他简单函数将不一一列举,请学习使用函数的帮助。在任意一个打开的“函数参数”对话框中的左下角有蓝色的"有关该函数的帮助(H)"的文本链接,点击即可打开"Excel 帮助"页面。在搜索对话框中输入需要帮助学习的函数即可。

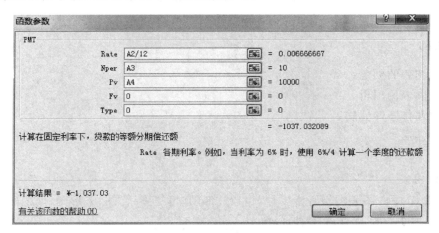

图 3.58　PMT 函数参数图

实验五　数据的图表化

一、实验目的

1. 掌握图表的创建；
2. 掌握图表的编辑；
3. 掌握迷你图的使用。

二、实验内容

1. 创建图表

Excel 2010 中的图表类型有十多种，包括柱形图、折线图、饼图、条形图、面积图、散点图和其他图表等。每一类又有若干种子类型。在 Excel 2010 中创建图表与 Excel 2003 版本略微有所不同，还增加了迷你图的使用。Excel 2010 中目前提供了 3 种形式的迷你图，即折线图、柱形图和盈亏，如图 3.59 所示。

图 3.59　图表类型

【任务 1】打开"图表 1.xlsx"，创建三维簇状柱形图。保存文件。

操作步骤如下：

①选择数据区 A2:C8，在"插入"功能区"图表"设置组中单击右下角的展开按钮 ▣ 。

②在弹出的"更改图表类型"对话框中单击"柱形图"，选择第一行第四个的"三维簇状柱形图"，如图 3.60 所示。

③单击"确定"，生成三维簇状柱形图。结果如图 3.61 所示。

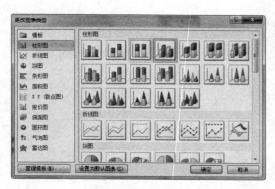

图 3.60　更改图表类型

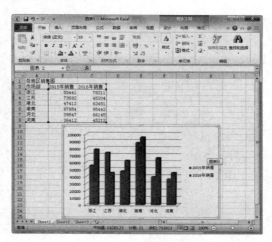

图 3.61　创建三维簇状柱形图

2. 编辑图表

（1）选定图表

在对图表进行编辑之前，必须选定图表。对于嵌入式图表，只需在图标上单击鼠标左键，这时在图表四周会出现一个边框，边框上带有 8 个黑色小方块，称为控制点。

（2）调整图表的位置和大小

在图表上按住鼠标左键并拖曳，可以将图表移动到新的位置。在控制点上按住鼠标左键并拖曳，可以调整图表的大小：

- 鼠标指针移动到左右两个控制点时，左右拖动鼠标可以在水平方向上改变图表大小。
- 鼠标指针移动到上下两个控制点时，上下拖动鼠标可以在垂直方向上改变图表大小。
- 鼠标指针移动到四个定点的控制点上时，拖动鼠标可以在斜线方向上改变图表大小。

图表创建完成后可以继续修改，以便使整个图表趋于完善。为了使创建的图表更美观更直观，还可以对图表标题、图表区、绘图区、图例以及数据系列等进行编辑。

标题和图例的格式是指坐标轴标题、图表标题及图例文本的格式，包括边框及内部填充格式、字体格式和对齐格式等。图表区格式包括图表区边框和填充的格式以及图表中所有文本的字体格式。绘图区是指坐标轴内的区域，绘图区格式包括绘图区的填充效果及边框样式。数据系列的格式主要包括数据系列的边框及内部填充、数据系列次序、数据标志及其他选项。

【提示】编辑图表时，首先要明确图表中的各个对象，然后选中要编辑的对象，单击鼠标右键，通过快捷菜单中的命令完成相应对象的编辑操作。或者选中要编辑的对象，双击鼠标弹出相应的对话框。

【任务 2】设置图表标题。打开"图表 2.xlsx"，增加图表标题"各地区销售图"，将标题设置为自己喜欢的风格。保存文件。

操作步骤如下：

①点击图表区，在 Excel 菜单栏右上角显示的"图表工具"中单击"设计"，选择"快速布局"下拉菜单中的第一个选项，即标题栏在正上方，图表区在右方。如图 3.62 所示。

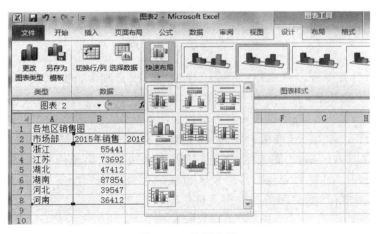

图 3.62　快速布局

②效果如图 3.63 所示。选中图表标题，输入图表标题"各地区销售图"。如果需要将标题风格进行改动则选中图表标题，在"开始"功能区的"字体"设置组中对字体进行设置。

③例如，将标题字体设置为"隶书"，字体大小为"18"，字体颜色设置为"深蓝"，效果如图3.64所示。

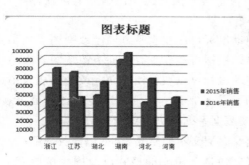

图 3.63　图表标题

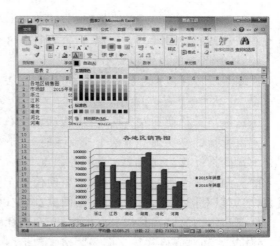

图 3.64　任务 2 效果图

【提示】图例格式也可以在"图表工具"|"布局"|"图例"下拉列表框中选择修改。

【任务 3】设置图表区格式。打开"图表 3.xlsx"，将图表区背景填充为"水滴"纹理图案。保存文件。

操作步骤如下：

①选中图表区，单击"布局"功能区的"设置所选内容格式"，如图 3.65 所示。

图 3.65　设置所选内容格式

②在弹出的"设置图表区格式"对话框中，单击"填充"选项卡，选中"图片或纹理填充"单选钮。点击"纹理"下拉按钮，选中"水滴"纹理图案，如图 3.66 所示。点击"关闭"，效果如图 3.67 所示。

③请读者自行完成"填充"选项卡中的"渐变填充"中的"雨后初晴"效果。

【任务 4】设置图表区格式，图表区格式包括图表区边框和填充的格式以及图表中所有文本的字体格式。打开"图表 4.xlsx"，将图表区边框颜色设置为"红色"，透明度为"50%"；边框宽度为"1.5 磅"，边框样式为"圆角"；保存文件。

操作步骤如下：

①鼠标双击图表中的空白区域，打开"设置图表区格式"对话框，如图 3.65 所示。

②在"边框颜色"中设置边框的颜色及透明度；在"边框样式"中设置有无边框以及边框线的样式和粗细；如图 3.68 和图 3.69 所示勾选或修改相应选项。

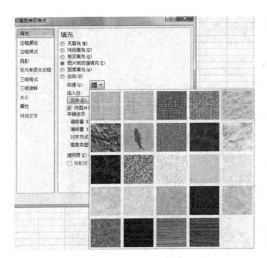

图 3.66　设置图表区格式

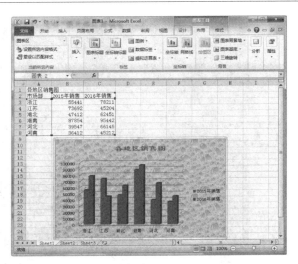

图 3.67　任务 3 效果图

图 3.68　"边框颜色"对话框

图 3.69　"边框样式"对话框

【任务 5】打开"图表 5.xlsx"，将图表类型更改为带数据标记的折线图，绘图区设置为"薄雾浓云"效果，并将坐标轴各省份的文字改为竖排，图例更改为靠上显示。保存文件。

操作步骤如下：

①鼠标右键单击图表区，在弹出的菜单中选择"更改图表类型"，在弹出的"更改图表类型"对话框中点击"折线图"，选择第四个"带数据标记的折线图"，单击"确定"按钮。

②在绘图区双击鼠标，在弹出的"设置绘图区格式"对话框中，点击"填充"，勾选"渐变填充"，在"预设颜色"的下拉框中选择"薄雾浓云"效果，单击"关闭"按钮。

③鼠标选中坐标轴文字双击，在弹出的"设置坐标轴格式"对话框中点击"对齐方式"，在"文字方向"后面的下拉框中选择"竖排"，单击"关闭"按钮。

④鼠标选中图例双击，在弹出的"设置图例格式"对话框中点击"图例选项"，勾选"靠上"，单击"关闭"按钮。

⑤保存文件，效果如图 3.70 所示。

鼠标双击不同区域弹出的不同对话框，如图 3.71 至图 3.76 所示。

3. 迷你图

迷你图是 Excel 2010 中的一个新增功能，它是绘制在单元格中的一个微型图表，用迷你图可以直观地反映数据系列的变化趋势。创建迷你图之后可以根据需要进行自定义，例如调

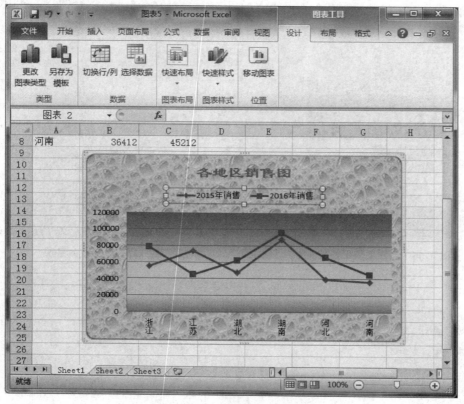

图 3.70　任务 5 效果图

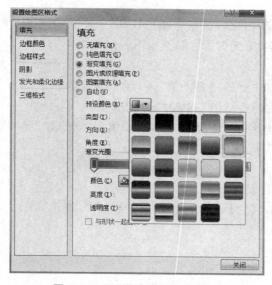

图 3.71　"设置绘图区格式"对话框

图 3.72　"设置坐标轴格式"对话框

整颜色或者高亮显示最大值和最小值等。注意：当打印工作表时，单元格中的迷你图会与数据一起打印出来。

图 3.73　"设置数据系列格式"对话框

图 3.74　"设置主要网格线格式"对话框

图 3.75　"设置图表标题格式"对话框

图 3.76　"设置图例格式"对话框

在 Excel 2010 中创建迷你图非常简单,目前提供了 3 种形式的迷你图:折线图、柱形图和盈亏。"迷你图工具"|"设计"功能区如图 3.77 所示。

图 3.77　迷你图工具/设计

- 编辑数据:修改迷你图图组的源数据区域或单个迷你图的源数据区域。
- 类型:更改迷你图的类型,即折线图、柱形图和盈亏 3 种图形。

- 显示:在迷你图中标记特殊数据,如高点、低点、负点、首点或尾点等。
- 样式:直接应用 Excel 预定义格式的图表样式。
- 迷你图颜色:修改迷你图颜色,默认为"50%,深蓝色"。
- 标记颜色:标记特殊数据所显示的颜色。
- 坐标轴:迷你图坐标范围控制。
- 组合及取消组合:因为创建迷你图时可以选择某个单元格或者单元格区域,因此可以通过使用该功能将迷你图组合成组或者进行组的拆分。

【任务 6】打开"图表 6.xlsx",使用表中的 B3:E7区域的数据,在 F3:F7区域创建各风景区旺季四个月旅游人数的折线迷你图,选择显示标记。保存文件。

操作步骤如下:

①选择 B3:E7区域的数据,在"插入"功能区"迷你图"设置组中单击"折线图",弹出如图3.78 所示的窗口。

【提示】数据范围与位置范围的行或者列要相同,否则将出错,如图 3.79 所示。

图 3.78　创建迷你图

图 3.79　错误示范

②选择 F3:F7区域的迷你图,在"迷你图工具"|"设计"功能区的"显示"设置组中勾选上"标记"。效果如图 3.80 所示。

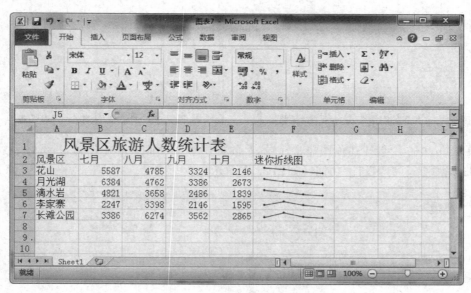

图 3.80　任务 6 效果图

实验六　数据管理和分析

一、实验目的

1. 掌握数据列表的排序；
2. 掌握数据列表的自动筛选和高级筛选；
3. 掌握数据的分类汇总；
4. 掌握数据透视表的使用；
5. 熟悉模拟分析与合并运算。

二、实验内容

1. 数据排序

为了数据浏览或者查找起来方便，往往需要对数据进行排序。可以根据某一指定列的数据对整个数据库或选定区域进行排序，既可以是升序或降序排序，也可以使用自定义排序命令按单元格颜色、字体颜色或单元格图标进行排序。

排序时依据的列或行称为关键字。主关键字相同时还可以增加次关键字。排序时，Excel利用指定的排序顺序重新排列行、列或单元格。Excel 的默认状态是按照数字大小排列，文本及数字文本按 0～9、a～z、A～Z 的顺序排列，日期和时间按时间先后顺序排列，汉字可以按拼音字母顺序或笔画顺序排列。如果需要其他排序方式，可以使用自定义排序。排序分升序排序和降序排序两种方式。

【任务 1】打开"数据管理 1. xlsx"，对 Sheet1 工作表的数据，以"职称"为主要关键字作升序排序，以"姓名"为次要关键字作升序排序，保存文件。

操作步骤如下：

①把活动单元格定位到任意有数据的单元格，单击"数据"功能区的"排序"设置组，弹出如图 3.81 所示对话框。

图 3.81　排序对话框

②在"主要关键字"下拉框中选择"职称"，默认次序为"升序"。

③单击"添加条件"按钮，在"次要关键字"下拉框中选择"姓名"，默认次序为"升序"。

④单击"确定"按钮，保存文件。效果如图 3.83 所示。

【任务 2】打开"数据管理 2. xlsx",对 Sheet1 工作表的数据,以"职称"按"教授,副教授,讲师,助教"为顺序排序,职称相同的以"姓名"为次要关键字作升序排序,保存文件。

操作步骤如下:

①把活动单元格定位到任意有数据的单元格,单击"数据"功能区的"排序"设置组,弹出如图 3.81 所示对话框。

②在"主要关键字"下拉框中选择"职称",次序下拉框中选择"自定义序列",依次在"输入序列"中输入"教授,副教授,讲师,助教",每个输入以回车键换行。单击"添加"按钮,则在"自定义序列"中加入了刚输入的序列,如图 3.82 所示。单击"确定"按钮。

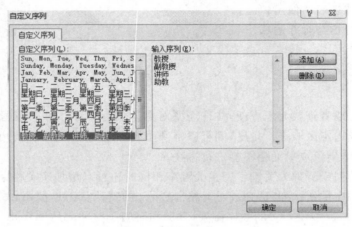

图 3.82　自定义序列

③单击"添加条件"按钮,在"次要关键字"下拉框中选择"姓名",默认次序为"升序"。
④单击"确定"按钮,保存文件。效果如图 3.84 所示。

图 3.83　"任务 1"效果图　　　　图 3.84　"任务 2"效果图

2. 数据筛选

Excel 的数据筛选功能是指只显示数据清单中用户感兴趣的数据部分,将其他数据隐藏起来。可以筛选一个或多个数据列。不但可以利用筛选功能控制要显示的内容,而且还能控制要排除的内容,既可以基于从列表中做出的选择进行筛选,也可以创建仅用来限定要显示数据的特定筛选器。在筛选数据时,如果一个或多个列中的数值不能满足筛选条件,则整行数据都会隐藏起来。

Excel 的筛选分为两种:自动筛选和高级筛选。其中,自动筛选是进行简单条件的筛选,高级筛选用于完成复杂条件的筛选。筛选活动结束后,如果要恢复全部数据的显示,可使用"数据"|"排序和筛选"|"筛选"|"清除",清除筛选后的隐藏,恢复原文档。下面介绍两种筛选的使用方法。

(1)自动筛选

由于工作表中的一个数据清单不能同时使用一个以上"自动筛选"命令,所以,在使用此功能前,需要先关闭数据清单中正在使用的其他"自动筛选"功能。查看是否正在使用筛选的方法很简单,查看"数据"功能区的"筛选"设置组"清除"功能是否可使用,若可使用,表示数据清单正处于自动筛选状态。或者查看标题字段右侧的下拉箭头是 ▼ 还是 ▼ᴛ,后者表明已做自动筛选。单击"清除"命令即可清除所有的自动筛选。多个筛选之间是同时满足"与"的关系。

对数据清单进行自动筛选的操作过程如下。

①单击需要筛选的数据清单中任一单元格。

②单击菜单"数据"|"筛选",数据清单的首行即字段行发生变化,每个字段名都变成了下拉式列表框。

③单击字段名右侧的下拉箭头,在下拉式列表框中,共有以下内容可以选择:

· 升序:按此字段升序排列清单内容。

· 降序:按此字段降序排列清单内容。

· 按颜色排序:可以按照单元格颜色或字体颜色进行排序。

· 按颜色筛选:可筛选出字段中的单元格颜色或字体颜色。

· 文本/数字/日期筛选:根据该列的数据类型不同,筛选类型也不同,但都有"等于""不等于""自定义筛选"等常用筛选内容。

· 字段值:在下拉列表框的最下面列出了该字段的字段值,选中其中一个,则显示字段值为指定值的清单信息。

【任务 3】打开"数据管理 3.xlsx",采用自动筛选的方法,从 Sheet1 工作表中筛选出销售价高于 24 000 且总户数少于 800,并筛选出项目名称为"华夏新城""沙河源""城市花园"的记录。保存文件。

操作步骤如下:

①单击需要筛选的数据清单中任一单元格。单击菜单"数据"|"排序和筛选"|"筛选"。

②单击"销售价"字段右侧的下拉箭头,在下拉式列表框中选中"数字筛选",在右展开的菜单中选择"自定义筛选",在弹出的对话框中选择"大于",之后的框中输入"24 000",如图 3.85 所示,单击"确定"按钮。

③同样,单击"总户数"字段右侧的下拉箭头,在下拉式列表框中选中"数字筛选",在右展

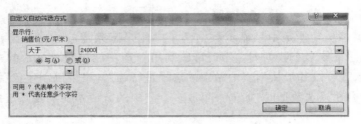

图 3.85　自定义自动筛选方式

开的菜单中选择"自定义筛选",在弹出的对话框中选择"小于",之后的框中输入"800",单击"确定"按钮。

④单击"项目名称"字段右侧的下拉箭头,在下拉式列表框中勾选上"华夏新城""沙河源""城市花园"三项即可。效果如图 3.86 所示,保存文件。

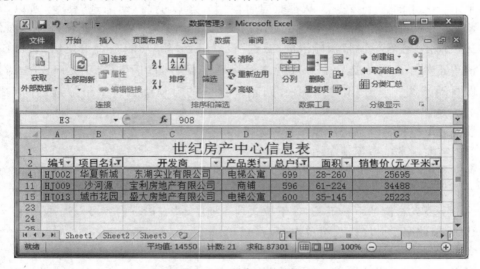

图 3.86　任务 3 效果图

(2)高级筛选

自动筛选操作相对简单,但只能处理几个条件同时满足的情况,不能处理复杂条件的情况,例如当筛选条件是针对不同列,而且两个条件之间是"或"关系,就无法使用自动筛选完成。这时候就需要使用高级筛选。

使用高级筛选需要选择 3 个数据区域:原始数据区、条件区域和目标区域。原始数据区指的是被筛选的数据清单;条件区域指的是存放查询条件的地方;目标区域指的是筛选结果将被复制到的区域。

使用高级筛选可按如下步骤进行:

①创建条件区域:在数据清单中复制含有待筛选值的数据列的列标题,然后将列标题复制到数据清单下方的空行中,在新复制的列标题下面的一行中,填入所要匹配的条件。高级筛选条件可以包括一列中的多个条件、多列中的多个条件和作为公式结果生成的条件。

•一列中的一个或多个条件:如果对于数据清单的某一列有 3 个或 3 个以上筛选条件,可直接在相邻的行中从上到下依次键入各个条件。在同一列中输入的多个条件是"或"的关系。

　　•两列或多列的条件：如果要查找同时匹配两列或多列中条件的数据，需要在条件区域的同一行中输入所有的条件。一行中多个条件之间是"与"的关系。

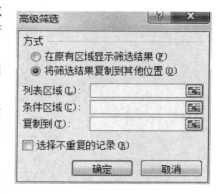

图 3.87　高级筛选

　　•不同列、不同行上指定条件：用户可以在不同的列中键入不同的条件，这时所有条件之间是"或"的关系。

　　②单击数据清单中的任意单元格，然后单击菜单"数据"|"排序和筛选"|"高级"，打开"高级筛选"对话框，如图 3.87 所示。

　　③在"高级筛选"对话框中，单击"列表区域"右边的按钮，此时对话框会最小化，然后利用鼠标拖曳选择要进行筛选的数据清单，最后单击按钮，返回"高级筛选"对话框。

　　④在"高级筛选"对话框中，单击"条件区域"右边的按钮，此时对话框会最小化，然后利用鼠标拖曳选择第①步创建的条件区域，最后单击按钮，返回"高级筛选"对话框。注意，"条件区域"必须包含字段行。

　　⑤如果需要将筛选结果保存到其他位置，在"高级筛选"对话框的"方式"选区，选择"将筛选结果复制到其他位置"单选按钮，然后在"复制到"右边的文本框中设置存放结果的单元格位置，方法同上。

　　⑥单击"确定"按钮，即可完成高级筛选。

　　【提示】如果筛选结果是保存在其他位置，条件区域可以设置在数据清单以外的任何位置，如果筛选结果不另外保存，则条件区域建议不要和数据区域有相同行，否则条件区域可能会被隐藏。

　　【任务 4】打开"数据管理 4.xlsx"，利用高级筛选功能从 Sheet1 工作表中筛选出每门课都不及格的学生名单，条件区域从 H1 单元格开始输入（条件中的列输入顺序必须按表格的相应的列顺序），目标区域左上角单元格为 H7，保存文件。

　　操作步骤如下：

　　①创建条件区域，在 H1 的位置开始，将条件涉及的列名称依次复制到 H1、I1、J1、K1，因为是每门课不及格，四门课程不及格是"与"的关系，因此"<60"的条件放在同一行。如图 3.88 所示。

　　②单击数据清单中的任意单元格，然后单击菜单"数据"|"排序和筛选"|"高级"，打开"高级筛选"对话框；填入如图 3.88 所示单元格区域，单击"确定"按钮；结果如图 3.88 所示筛选的结果在以 H7 为左上角的区域显示。保存文件。

　　【任务 5】打开"数据管理 5.xlsx"，利用高级筛选功能从 Sheet1 工作表中筛选出只要有一门课不及格的学生名单，条件区域从 H1 单元格开始输入（条件中的列输入顺序必须按表格的相应的列顺序），目标区域左上角单元格为 H7，保存文件。

　　【提示】操作步骤基本同任务 4，除了创建条件区域有所不同。条件区域如图 3.89 所示。请读者思考为什么？

　　3. 分类汇总

　　分类汇总就是对数据清单按某字段进行分类，将字段值相同的连续记录作为一类，进行求

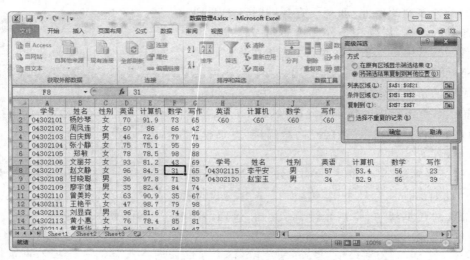

图 3.88　任务 4 操作图

和、求平均值、计数等汇总运算。针对同一个分类字段，可进行多种汇总。在分类汇总时要区分清楚对哪个字段分类、对哪些字段汇总以及汇总的方式，这需要在"分类汇总"对话框中逐一设置。

【提示】在分类汇总前，首先必须对要分类的字段进行排序，否则分类无意义。

【任务 6】打开"数据管理 6. xlsx"，把 Sheet1 表中的职工工资记录按性别进行升序排序，再使用汇总操作分别统计男、女职工的平均基本工资和平均应发工资。保存文件。

英语	计算机	数学	写作
<60			
	<60		
		<60	
			<60

图 3.89　条件区域

操作步骤如下：

①对数据清单要分类的字段进行排序，即按照性别升序排序。单击"数据"|"排序"，在弹出的对话框中"主要关键字"下拉框中选择"性别"，默认"升序"，单击"确定"按钮。

②单击数据清单中任意单元格，然后单击菜单"数据"|"分级显示"|"分类汇总"，打开"分类汇总对话框"，如图 3.90 所示。

③在"分类汇总"对话框的"分类字段"下拉列表框中，选择第①步的排序字段；在"汇总方式"下拉列表框中选择所需的用于计算分类汇总的函数；在"选定汇总项"列表框中选定需要汇总计算的数值列对应的复选框。如图 3.89 所示。

④单击"确定"按钮，完成分类汇总。这时用鼠标单击汇总结果所在的单元格，可以在编辑栏中看到数据。效果如图 3.91 所示。

【提示】"分类汇总"对话框最下面是 3 个复选框和 3 个按钮："替换当前分类汇总"复选框，表示按本次分类汇总要求进行汇总；"每组数据分页"复选框，表示将每一类分页显示，在数据很多时，这样处理有利于保存和查看；"汇总结果显示在数据下方"复选框，表示将分类汇总结果放在本类的最后一行，在分类显示时选择这个选项能使数据更加清晰。第一和第三个复选框是默认选择的。"全部删除"按钮，表示删除分类汇总，当在数据清单中删除分类汇总时，Excel 同时也将清除分级显示和插入分类汇总时产生的所有自动分页符。

图 3.90　分类汇总

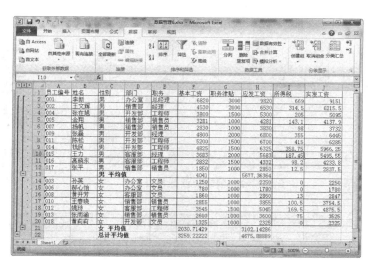

图 3.91　任务 6 效果图

4. 数据透视表和数据透视图

分类汇总是适合按一个字段进行分类，对一个或多个字段进行汇总的情况，但如果用户要求按多个字段进行分类并汇总，则分类汇总就不适用了。因此，Excel 还提供了一个有力的解决工具——数据透视表和数据透视图。

（1）数据透视表

【任务 7】打开"数据管理 7.xlsx"，把 Sheet1 表中的单元格区域 A2:J16 作为数据源创建数据透视表，以反映不同性别、不同职务的平均基本工资情况。性别与年龄按顺序作为列标签，职务作为行标签，姓名为报表筛选；不显示行总计和列总计选项；把所创建的透视表放在 Sheet1 工作表的 A20 开始的区域中，并将透视表命名为基本工资透视表。保存文件。

操作步骤如下：

①单击数据清单中任意单元格，单击菜单"插入"|"表格"|"数据透视表"，打开"创建数据透视表"对话框，如图 3.92 所示。

②在"请选择要分析的数据"勾选"选择一个表或区域"，在"表/区域"中用鼠标选择单元格区域 A2:J16。

③在"选择放置数据透视表的位置"中勾选"现有工作表"，在"位置"中用鼠标选择单元格 A20。单击"确定"按钮。

④根据题目描述，把"选择要添加到报表的字段"中的"姓名"字段用鼠标拖动到"报表筛选"位置，"性别"和"年龄"拖动到"列标签"，"职务"拖动到"行标签"。

⑤再将"基本工资"拖动到"数值"，默认统计方式为"求和"，因此需要在右下角下拉菜单中选择最后一个"值字段设置"菜单，弹出窗口如图 3.93 所示。将"计算类型"修改为"平均值"，单击"确定"按钮。效果如图 3.94 所示。

（2）数据透视图

数据透视图可以看作是数据透视表和图表的结合，它以图形的形式显示数据透视表的内容。Excel 提供了两种方法创建数据透视图：一种是通过已生成的数据透视表创建数据透视图；另一种是直接通过数据表中的数据创建数据透视图。

图 3.92　创建数据透视表

图 3.93　值字段设置对话框

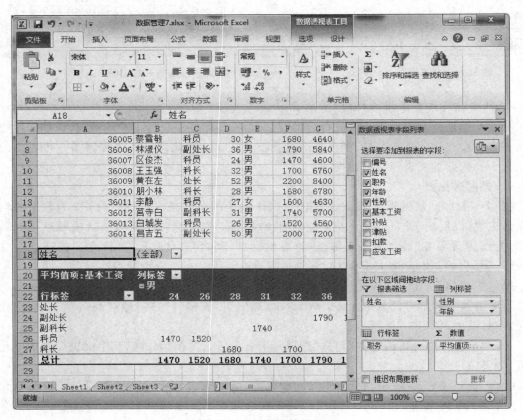

图 3.94　任务 7 效果图

【任务 8】打开"数据管理 8.xlsx",将现有的数据透视表创建数据透视图,保存文件。

操作步骤如下:

①单击数据透视表中的任意单元格。

②如图 3.95 所示,单击"数据透视表工具"|"工具"|"数据透视图",弹出"插入图表"对话框。

③选择图表类型,单击"确定"按钮。效果如图 3.96 所示。

在数据透视图中,页字段、行字段、列字段和数据项字段及其汇总方式都可以改变,操作方

图 3.95　数据透视表工具

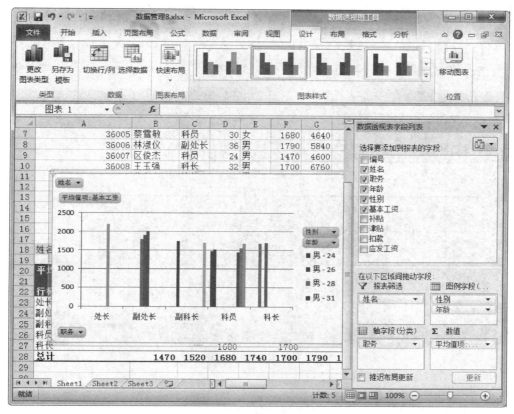

图 3.96　任务 8 效果图

法与数据透视表相同。

5. 模拟分析与合并计算

Excel 中有很多重要的计算分析功能,除前面章节的公式与函数、分类汇总、数据透视图和透视表之外,还有合并计算、模拟分析等。模拟分析是在单元格中更改值,来查看这些更改将如何影响工作表中的公式结果的,包括方案管理器、单变量求解和模拟运算表 3 项功能;合并计算功能可以实现两个以上工作表之间的关联,可以对多个工作表中的数据同时进行计算汇总。

(1)模拟分析

Excel 2010 提供模拟分析功能,用户利用该功能可以同时求解一个运算过程中所有可能的变化值,并将不同的计算结果显示在相应的单元格中。

【任务 9】打开"数据管理 9. xlsx",根据 Sheet1 工作表中提供的数据,求出当年限和贷款金额改变时每月的偿还金额,必须使用模拟运算表进行计算。保存文件。

操作步骤如下:

①选中单元格区域 A5∶D8,单击"数据"|"数据工具"|"模拟分析",在下拉菜单中选择"模拟运算表"。

②弹出"模拟运算表"对话框,分别将"＄B＄2"和"＄C＄2"填到相应的输入引用的行和列的单元格,单击"确定"按钮。效果如图 3.97 所示。

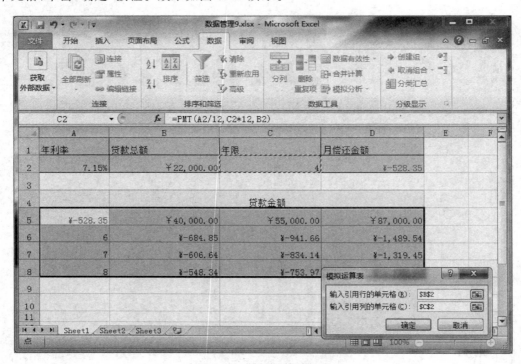

图 3.97　模拟运算效果图

(2)合并计算

合并计算功能用于对多个工作表中的数据同时进行计算汇总。

【任务 10】打开"数据管理 10. xlsx",根据"月考""中段考""期末考"3 个工作表提供的数据,在"平均分"工作表中统计三次考试的平均分,要求精确到小数点后一位,保存文件。

操作步骤如下:

①在"平均分"工作表中,选择数据合并后所在区域的左上角单元格 B2。

②单击"数据"|"数据工具"|"合并计算",弹出"合并计算"对话框。

③单击"函数"下拉按钮,选择"平均值"。单击"引用位置"输入框右侧的⬚按钮,在"月考"工作表中选择引用区域"月考!＄B＄2∶$D＄10",单击⬚按钮返回,单击"所有引用位置"右侧的"添加"按钮。

④继续如上操作,将"中段考!＄B＄2∶$D＄10"和"期末考!＄B＄2∶$D＄10"也添加到"所有引用位置",如图 3.98 所示。单击"确定"按钮。

⑤选择 B2∶D10 区域,将单元格格式设置为小数位数为"1",单击"确定"按钮。效果

如图 3.99 所示。

图 3.98　合并计算对话框

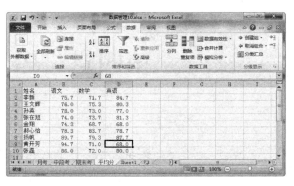

图 3.99　任务 10 效果图

第四章 PPT 基本操作

实验一 PowerPoint 2010 基本操作

一、实验目的

1. 认识 PowerPoint 2010 演示文稿软件及其基本概念；
2. 掌握演示文稿的建立、编辑与格式化的基本操作；
3. 掌握在幻灯片中插入图片、表格、图表、声音和视频的方法；
4. 掌握更改幻灯片版式、主题和背景的方法。

二、实验内容

PowerPoint 2010 软件功能非常丰富，它可以使用文本、图形、照片、视频、动画、声音和更多种手段来设计具有视觉震撼效果的演示文稿。其广泛应用于会议报告、授课、产品演示、广告宣传及学术交流等场景。

1. PowerPoint 2010 的启动和退出

启动 PowerPoint 2010 有多种方式，常用的方法与 Microsoft Word 2010 启动与退出操作类似。

2. PowerPoint 2010 的工作界面

启动 PowerPoint 2010 以后，其显示的工作界面如图 4.1 所示，包括快速访问工具栏、标题栏、"文件"选项卡、功能选项卡和功能区、帮助按钮、幻灯片/大纲窗格、幻灯片编辑窗格、占位符、备注窗格、视图切换按钮及状态栏等。

（1）快速访问工具栏

快速访问工具栏位于文档窗口的顶部左侧，该工具栏中集中了多个常用的按钮，是一组独立于当前所显示的选项卡的命令，如"保存""撤销""重复"等按钮，用户也可以向其中添加其他常用的命令按钮，以便无论使用哪个选项卡时都可以访问这些命令。

（2）标题栏

PowerPoint 2010 的标题栏位于窗口的顶端，类似于 Word 2010 标题栏。

（3）"文件"选项卡

在 PowerPoint 2010 中，单击"文件"按钮，将看到与 PowerPoint 早期版本相同的"新建""打开""保存""打印"等基本命令。另外，还增加了"保护文档""检查问题"等新命令。

图 4.1　PowerPoint 2010 的工作界面

（4）功能选项卡和功能区

在默认状态下，PowerPoint 2010 功能区包括"开始""插入""设计""切换""动画""幻灯片放映""审阅""视图"选项卡。如图 4.2 所示，在"开始"选项卡中，将相关的内容分为"剪贴板""幻灯片""字体""段落"等功能区域。通过这些功能组可以进行基本的插入工作，丰富文稿的内容。

图 4.2　功能选项卡和功能区

（5）幻灯片编辑窗格

幻灯片编辑窗格位于窗口中央，用户通过在编辑窗格中的占位符输入文字、插入图片、声音、视频等操作。

（6）状态栏

状态栏位于窗口的底部，显示当前文稿的信息，包括当前文稿的幻灯片的页数、幻灯片总页数、幻灯片的设计模板名称，如图 4.3 所示。在状态栏的右侧还有视图切换按钮、缩放级别和显示比例调整滑块等。

图 4.3　状态栏

3. 调整幻灯片视图模式

PowerPoint 2010 为用户提供了 4 种视图模式，包括普通视图、幻灯片浏览视图、阅读视图和幻灯片放映视图，以满足用户不同的创作需求。单击"视图"按钮组中的任一按钮，可以切换到相应视图模式下。

　　•普通视图:是 PowerPoint 的默认视图。启动软件后直接进入该视图模式。该视图下用户能方便调整幻灯片总体结构、编辑单张幻灯片中的内容以及在"备注"窗格中添加演讲者备注。

　　•幻灯片浏览视图:该视图下可以浏览整个演示文稿中各张幻灯片的整体效果。该视图下也可排列、添加、复制或删除幻灯片,但不能编辑单张幻灯片内容。

　　•阅读视图:该视图用于在自己的计算机上查看演示文稿。

　　•幻灯片放映视图:该视图下可以查看演示文稿的放映效果,从而体验演示文稿中设置的动画和声音效果,并且能观察到每张幻灯片的切换动画。

　　4. 新建演示文稿

　　新建演示文稿可以单击"文件"按钮下的"新建"命令,打开如图 4.4 所示的"新建演示文稿"任务窗格,在该任务窗格中可以选择"空白演示文稿""样本模板""主题"和"根据现有内容新建"等项目。

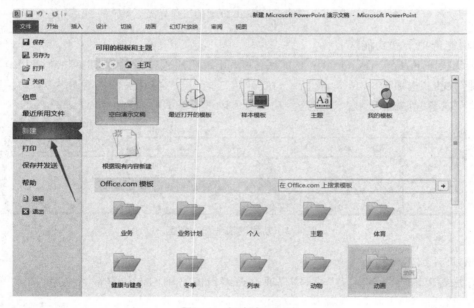

图 4.4　新建演示文稿

　　(1)空白演示文稿

　　如果想制作一个特殊的、具有与众不同外观的演示文稿,可从一个空白演示文稿开始,自建主题、背景设计、颜色和一些样式特性。创建的空白演示文稿本身不包含任何内容,用户可以根据自己的需要输入内容和设置格式。在"新建演示文稿"任务窗格中,双击"空白演示文稿"图标,即可进入"标题幻灯片"版式的幻灯片制作。如图 4.5 所示。

　　(2)样本模板

　　用户可以根据 PowerPoint 2010 的样本模板来创建新的演示文稿。用样本模板创建的演示文稿中已经包含了示例文字,用户可以根据自己的需要来编辑内容,样本模板不仅能帮助用户完成演示文稿的相关格式的设置,而且还帮助用户预置了演示文稿的主要内容。如图 4.6 所示。

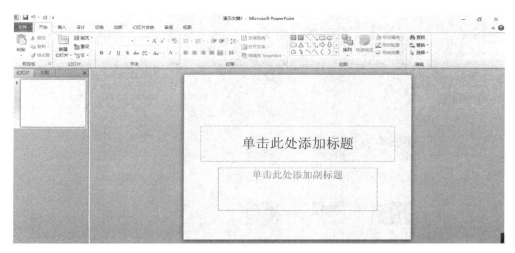

图4.5　新建空白演示文稿

图4.6　样本模板

（3）主题

主题是指预先设计了外观、文本图形格式、标题、位置及颜色的待用文档。用户可以选择由 PowerPoint 2010 提供的主题来新建演示文稿，这样创建的演示文稿不包含示例文字。PowerPoint 2010 提供了各种专业的主题，用户可从中选择任意一种，这样所生成的幻灯片都将自动采用该主题的设计方案，从而使演示文稿中的幻灯片风格协调一致。如图4.7所示。

（4）根据现有内容新建

新建演示文稿，还可以根据现有演示文稿来创建。在"新建演示文稿"任务窗格中选择"根据现有内容新建"，将创建现有演示文稿的副本，并在此基础上进行演示文稿的设计。如图4.8所示。

【任务1】根据"都市相册"模板创建一个名为810003.pptx的演示文稿文件，并将其保存在 C:\kaoshi\ppt 文件夹中，同时将该文稿打包成 CD，使用打包方式为复制到文件夹，文件夹名称为810003，位置为 C:\kaoshi\ppt。

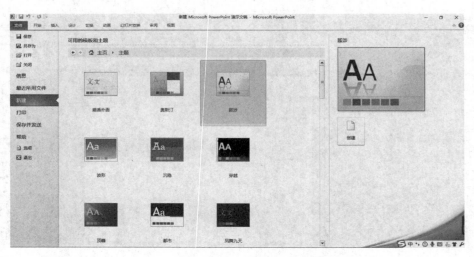

图 4.7　主题

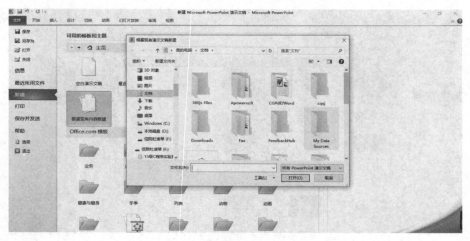

图 4.8　根据现有内容新建

操作步骤：

①用鼠标点击"文件"|"新建"，双击"样本模板"，选中"都市相册"并双击。

②点击"文件"|"保存"，在打开的"另存为"对话框中选中保存路径为 C:\kaoshi\ppt（如果没有该路径，请读者自行创建），保存文件名框内填：810003。

③点击"文件"|"保存并发送"，在弹出对话框右边"文件类型"下选中"将演示文稿打包成CD"，并在最右边点击"打包成 CD"，如图 4.9 所示。

④在弹出的"打包成 CD"对话框中，选择"复制到文件夹"，在弹出的对话框中按题目要求填入文件名及文件路径即可。

5. 演示文稿的插入元素操作

（1）在幻灯片中插入文本

在创建空演示文稿的幻灯片中，只有占位符而没有其他内容，用户可以在占位符中输入文本，也可以在占位符之外的任何位置输入文本。

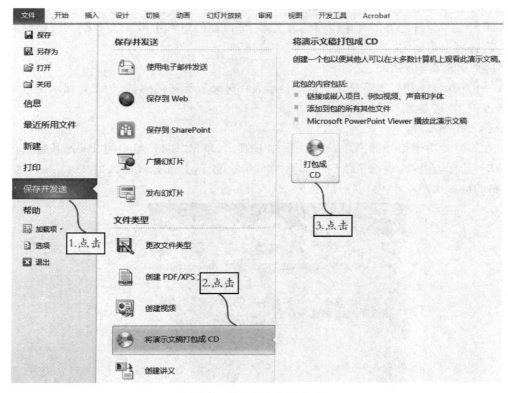

图 4.9 演示文稿打包成 CD

①在占位符中输入文本

在一般情况下,幻灯片中包含了几个带有虚线边框的区域,这些位置用于放置幻灯片标题、文本、图表、表格等对象,称为占位符,如图 4.10 所示为系统默认版式中的占位符。在占位符中预设了格式、颜色、字体和字形,用户可以向占位符中输入文本或者插入对象。

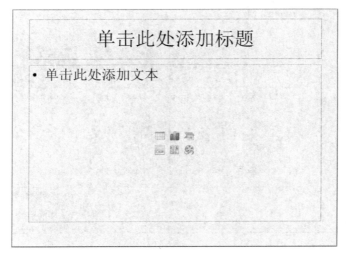

图 4.10 占位符

②使用文本框输入文本

如果要在占位符之外的其他位置输入文本,可以在幻灯片中插入文本框。该操作需要使用"插入"选项卡下的"文本"组中的"文本框"按钮。

(2)插入图片与剪贴画

在一份演示文稿中,如果全是文本就会给人一种呆板无味的感觉,为了让演示文稿更具吸引力和说服力,适当插入图片是有效的方法之一。

①插入外部图片

要在幻灯片中使用外部图片,单击"插入"选项卡,单击"图像"组中的"图片"按钮,打开"插入图片"对话框,在该对话框中找到外部图片保存的位置,并选择要插入的图片,最后单击"打开"按钮即可。如图 4.11(a)、(b)所示。

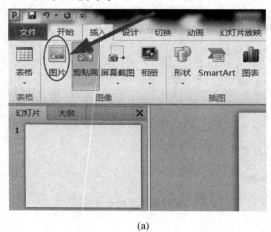

(a)

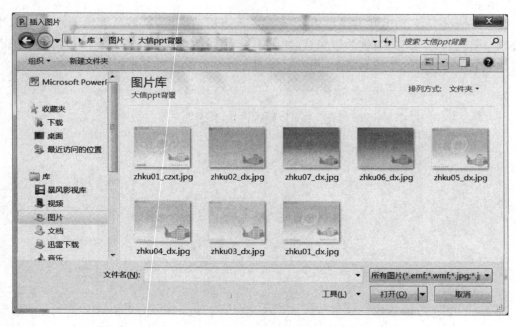

(b)

图 4.11　插入外部图片

②从剪贴画库中插入图片

从剪贴画库中插入图片的步骤如下：

a)单击"插入"选项卡,执行"图片"组下的"剪贴画"命令,打开"剪贴画"任务窗格,工作区内显示的为管理器内已有的图片,用鼠标双击所需图片即可插入。也可以利用搜索功能来查找所需要的图片。如图 4.12 所示。

b)在搜索出的结果中选择一个类型,插入图片。

（3）插入屏幕截图

屏幕截图大家通常会使用 QQ 软件中的截图工具或其他专业截图工具。PowerPoint 2010 通过提供插入"屏幕截图"功能也可以方便完成屏幕截图,并在幻灯片中进行插入和编辑屏幕截图。其操作与 Word 2010 相似。

（4）插入绘制图形

要在幻灯片中绘制一些圆、矩形等简单的图形,可以使用 PowerPoint 2010 提供的绘图功能。利用"绘图"任务窗格可在幻灯片中画出各种图形,如线条、箭头、矩形和椭圆等。和 Word 2010 操作类似,在"开始"选项卡中可打开如图 4.13 所示的"绘图"任务窗格,或者单击"插入"选项卡,单击插图组中的"形状"按钮,展开如图 4.14 所示的形状库。选择需要添加的形状选项,当鼠标光标变为"＋"形时,按住鼠标左键在幻灯片中拖动绘制形状。也可以直接单击添加形状。

（5）插入 SmartArt 图形

SmartArt 图形是信息和观点的视觉表示形式。幻灯片中加入 SmartArt 图形（包括以前版本的组织结构图）,可以使得版面整洁,便于表现系统的组织结构形式。和 Word 2010 操作类似,创建 SmartArt 图形时,系统会提示用户选择一种类型,如"流程""层次结构"或"关系"等,并且每种类型包含几种不同的布局。

（6）插入艺术字

图 4.12　剪贴画

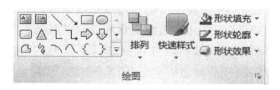

图 4.13　绘图任务窗格

在"插入"选项卡中单击"艺术字"按钮,展开"艺术字"下拉列表,在其中选择某种样式后单击鼠标左键,此时,在幻灯片编辑区里出现"请在此放置您的文字"艺术字编辑框。更改输入要编辑的艺术字文本内容,可以在幻灯片上看到文本的艺术效果。选中该艺术字后,单击"绘图

工具"|"格式"选项卡可以进一步编辑艺术字。

(7)插入图表

PowerPoint 2010 可以直接利用"图表生成器"提供的各种图表类型及图表向导,创建具有功能丰富的各种图表,以增强演示文稿的演示效果。在"插入"选项卡中单击"图表"按钮打开"插入图表"操作界面,如果幻灯片中有图表占位符也可以直接单击图表占位符。

(8)插入表格

在"插入"选项卡中单击"表格"按钮,拖动鼠标左键选择要插入的表格行数和列数;如果幻灯片中有图表占位符可以直接单击表格占位符,打开"插入表格"操作界面,选择或输入要插入的表格行数和列数,单击"确定"按钮即可。

(9)插入媒体剪辑

媒体剪辑可以插入声音或插入视频。其中,音频可以来自文件、剪贴画音频或录制音频。插入音频后,在幻灯片工作区内显示为一个表示音频文件的图标。通过"音频工具"|"播放"选项卡,可以设置在进行幻灯片播放时音频剪辑的播放方式,例如:在显示幻灯片时自动开始播放、在单击鼠标时开始播放或跨幻灯片播放,甚至可以循环连续播放声音媒体直至停止。

同样,视频文件也可以来自本地文件、网络文件或剪贴画视频。通过"视频工具"|"插入"选项卡可以进行相应播放设置。

(10)插入其他演示文稿中的幻灯片

PowerPoint 2010 在编辑某个演示文稿时,可以插入其他演示文稿中的单张或全部幻灯片。选择某张幻灯片为当前幻灯片,选择"开始"|"新建幻灯片"|"重用幻灯片"命令,在弹出的"重用

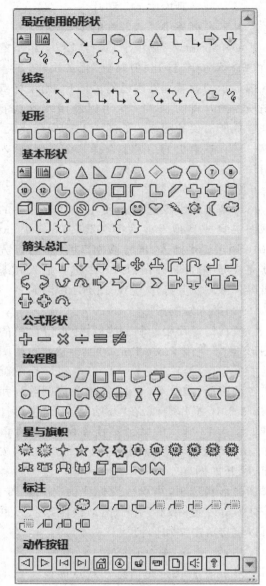

图 4.14　绘图形状库

幻灯片"任务窗格中单击"浏览"按钮,如图 4.15 所示,找到包含所需幻灯片的演示文稿文件名并将其打开,或直接在文本框输入路径和文件名。在选择幻灯片选项区域中右击要选择的幻灯片,再选择"插入幻灯片",将其插入到当前幻灯片后面。如果选择"插入所有幻灯片",则将选择的演示文稿中的全部幻灯片插入到当前幻灯片后面。

(11)插入页眉页脚

编辑幻灯片时可以插入"页眉"和"页脚"。在"插入"选项卡中单击"页眉和页脚"按钮,弹出"页眉和页脚"对话框,选择"幻灯片"选项卡,如图 4.16 所示。通过选择适当的复选框,可以确定是否在幻灯片的下方添加日期和时间、幻灯片编号、页脚等,并可设置选择项目的格式和内容。

图 4.15　重用幻灯片

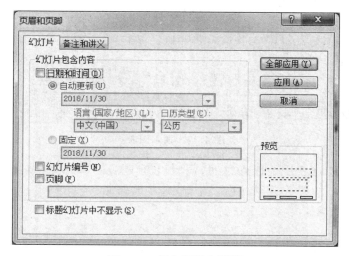

图 4.16　插入页眉和页脚

（12）插入公式

插入公式操作和 Word 2010 公式插入操作类似。在"插入"选项卡中单击"公式"按钮，在幻灯片中即插入公式编辑框，显示"在此处键入公式"，同时功能区出现"公式工具"|"设计"选项卡，在此区可以选择常用公式、符号及公式的常用结构进行编辑公式。

（13）插入批注

PowerPoint 2010 中的"批注"可以对演示文稿提出修改意见。"批注"就是审阅文稿时在幻灯片上插入的附注，批注会出现在黄色的批注框内，但不会影响原演示文稿。

选择需要插入批注幻灯片中的内容点处，在"审阅"选项卡中单击"新建批注"按钮，在当前幻灯片上出现批注框,在框内输入批注内容,单击批注框以外的区域即可完成输入。

【任务 2】新建一个空白演示文稿文件,在第 2 张幻灯片位置插入一张空白幻灯片,在该幻灯片中插入一个名称为"分离型三维饼图"的图表,并编辑其第四季度的数据值为 4,保存文件为系统默认文件名。

操作步骤如下:

①点击"文件"|"新建",新建一个空白演示文稿,切换到"开始"选项卡,打开"新建幻灯片"右下角按钮打开默认幻灯片模板,选择"空白"并点击。

②切换到"插入"选项卡,点击"图表"按钮,打开如图 4.17 所示的"插入图表"对话框,选择"饼图"的"分离型三维饼图"并双击鼠标。

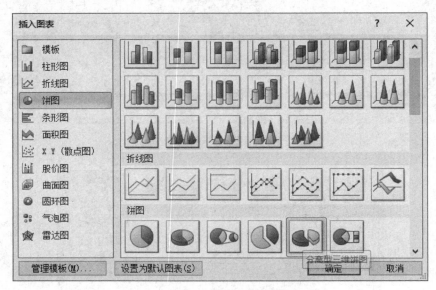

图 4.17 插入图表

③随后在第二张幻灯片处插入饼图,同时打开 Excel文件显示该饼图对应的源数据,如图 4.18 所示,在数据源修改"第四季度"的值为 4 并关闭 Excel。

④保存文件。

6. 演示文稿的编辑

在幻灯片中输入文本、图形图像等元素后,可以通过格式设置来体现美观、丰富意境以给人强烈感染力。幻灯片格式设置更多是涉及的文本格式设置和图形对象格式设置

	A	B	C
1		销售额	
2	第一季度	8.2	
3	第二季度	3.2	
4	第三季度	1.4	
5	第四季度	4	
6			

图 4.18 任务 2 数据源

两种。其中:文本格式设置主要是设置字体格式和段落格式,另外还有诸如项目符号和编号、文本样式应用等;图形对象格式设置主要是对图形对象的形状、大小以及幻灯片背景格式进行设置。

(1)幻灯片的选择

在执行编辑幻灯片命令之前,首先要选择命令作用的范围。不同的视图,选择幻灯片的方式也不尽相同。在普通视图和备注页中,当前显示的幻灯片即是被选中的,不必单击它。在幻

灯片浏览视图中,单击幻灯片就可以选择整张幻灯片。若要选择不连续的几张幻灯片,按住 Ctrl 键,再用鼠标单击其他要选择的幻灯片;若要选择连续的几张幻灯片,可以先单击第一张幻灯片,再按住 Shift 键,单击要选择的最后一张幻灯片。

（2）幻灯片的插入与删除

在 PowerPoint 2010 的普通视图、备注页和幻灯片浏览视图中都可以创建一个新的幻灯片。在普通视图中创建的新幻灯片将排列在当前正在编辑的幻灯片的后面。在幻灯片浏览视图中增加新的幻灯片时,其位置将在当前光标或当前所选幻灯片的后面。新建幻灯片可以单击"开始"选项卡下的"新建幻灯片"命令。

在制作演示文稿中,有些幻灯片编辑错误或不合适时,则需要删除该幻灯片。一般在幻灯片浏览视图中做删除幻灯片操作比较简单。其操作方法如下:在幻灯片浏览视图中,选定要被删除的幻灯片,按键盘"Delete"键删除该幻灯片。

（3）幻灯片的复制与移动

如果用户当前创建的幻灯片与已存在的幻灯片的风格基本一致,采用复制一张新的幻灯片的方法更方便,这样只需在其原有基础上做一些必要的修改。先选择要复制的幻灯片,然后单击"开始"选项卡下的"复制"命令,移动光标至目标位置,再单击"开始"选项卡下的"粘贴"命令,被选择的幻灯片将复制到光标所在幻灯片的后面。单击"开始"选项卡下的"复制"命令右边的下拉箭头选择,可在当前位置插入前一张幻灯片的副本。在"粘贴"命令的下拉列表中可以选择粘贴的幻灯片是采用目标主题还是保留源格式。

在幻灯片浏览视图或普通视图的选项卡区域,选择某张幻灯片,拖动鼠标将它移到新的位置即可完成该张幻灯片的移动。

（4）项目符号与编号

项目符号和编号用于对一些重要条目进行标注或编号,用户可以为选定文本或占位符添加项目符号或编号,还可以使用图形项目符号。可以在 PowerPoint 2010 的大纲、幻灯片或备注页窗格将编号应用到文本。

①项目符号

添加项目符号的方法是:将插入点移动到需要设置项目符号的段落中;单击"开始"选项卡下的"段落"组中"项目符号"命令,打开如图 4.19（a）所示的"项目符号"任务窗格,选择项目符号,或单击其中的"项目符号和编号"按钮打开"项目符号和编号"对话框,如图 4.19（b）所示。

系统提供了默认的几种项目符号项,如果用户不喜欢原有的项目符号,可以重新设置,方法如下:在"项目符号和编号"对话框中,选择一种项目符号后,单击"自定义"按钮打开"符号"对话框,在其中选择一种符号作为项目符号。

为了达到特殊效果,用户还可以选择图片作为项目符号,方法如下:在"项目符号和编号"对话框中,单击"图片"按钮,打开"图片项目符号"对话框,选择某张图片作为项目符号。

如果用户想删除项目符号,可以采用以下几种方法:

• 将插入点放到要删除项目符号的段落最前面,按键盘 Backspace 键。

• 将插入点放到要删除项目符号的段落上,单击"开始"选项卡上的"项目符号"按钮。

• 在"项目符号"任务窗格中选择"无"。

②编号

在 PowerPoint 2010 中向文本中添加编号的过程与在 Microsoft Word 2010 中的过程相

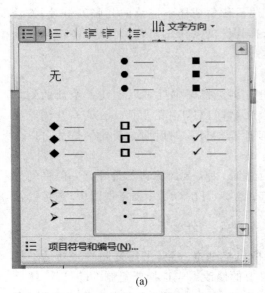 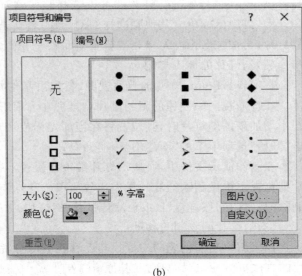

(a)　　　　　　　　　　　　　　　　(b)

图 4.19　项目符号和编号

似。要在列表中快速添加编号,选择文本或占位符,然后单击"开始"选项卡下的"段落"组中"项目编号"命令。要从列表的多种编号样式中进行选择,或者更改列表的颜色、大小或起始编号,则在"项目符号和编号"对话框中,单击"编号"选项卡。

（5）编辑图片

为了让图片与幻灯片的效果更为融合,通常需要对插入的图片进行格式设置。包括:删除图片的背景、调整图片的颜色和艺术效果、选择图片样式、图片格式设置、大小及裁剪等。

选中要设置的图片后,单击"格式"选项卡,图片格式选项如图 4.20 所示。

图 4.20　图片格式选项

也可以右击图片,在弹出的快捷菜单中选择"设置图片格式"命令,打开如图 4.21 所示的"设置图片格式"对话框,用户可以对图片的格式进行设置。

（6）幻灯片版式

幻灯片版式即幻灯片里面元素的排列组合方式。默认情况下,幻灯片版式布局分为 11 种类型,如标题幻灯片版式、标题与内容版式等。创建新幻灯片时,可以从预先设计好的幻灯片版式中进行选择。例如,有一个版式包含标题、文本和图表占位符,而另一个版式包含标题和剪贴画占位符。可以移动或重置其大小和格式,使之可与幻灯片母版不同,也可以在创建幻灯片之后修改其版式。应用一个新的版式时,所有的文本和对象都保留在幻灯片中,但是可能需要重新排列它们以适应新版式。

幻灯片确定一种版式后,有时还可能需要更换。更换幻灯片版式的操作方法如下:

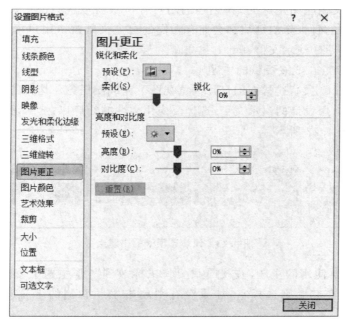

图 4.21　设置图片格式对话框

①单击"开始"选项卡,选择"幻灯片"组中的"幻灯片版式"命令,打开"幻灯片版式"任务窗格,如图 4.22 所示。

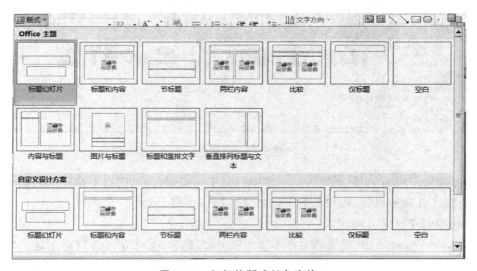

图 4.22　幻灯片版式任务窗格

②在 PowerPoint 2010 版本中,幻灯片的版式是与主题联系在一起的,例如图 4.22 所示的"幻灯片版式"窗格中,我们会看到基于两个主题的所有幻灯片版式都显示在其中。用户可以选择一种幻灯片版式后将其应用到幻灯片上。

(7)应用及更改主题样式

主题是一组设计设置,其中包含颜色设置、字体选择和对象效果设置,它们都可用来创建统一的外观。演示文稿应用主题时,新主题的幻灯片母版将取代原演示文稿的幻灯片母版。应用主题之后,添加的每张新幻灯片都会拥有相同的自定义外观。用户可以修改任意主题以适应需要,或在已创建的演示文稿基础上建立新主题。

①应用 PowerPoint 2010 提供的主题

应用 PowerPoint 主题,通常在幻灯片浏览视图下完成此任务。其操作步骤如下:

a)首先打开要应用设计的演示文稿,选择要应用主题的幻灯片;然后切换到"设计"选项卡下的"主题"组,如图 4.23 所示。

图 4.23　设计选项卡的主题组

b)查找并选择要使用的主题,查找时只要将鼠标放到某张主题上就会出现该主题的名称。如果所需主题在其中则选择它,如果没有则单击主题右侧的下拉菜单,打开主题库,如图 4.24 所示。

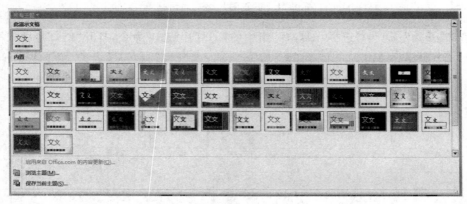

图 4.24　主题库

c)单击希望应用的主题,如果在第一步中选择了一张幻灯片,则将主题应用到整个演示文稿;如果选择了几张幻灯片,则仅为这些幻灯片应用该主题。

②修改或创建自定义主题

如果 PowerPoint 2010 提供的主题不满足用户的要求,也可以自己创建主题。可以通过主题组右侧的"颜色""字体""效果""背景样式"按钮进行重新调整,也可以在"新建主题颜色"对话框中进行调整。按照需求设置幻灯片母版的格式,然后将幻灯片主题保存为新主题。操作步骤如下:

a)在如图 4.24 所示的"主题"库中选择"保存当前主题"命令,打开"保存当前主题"对话框。

b)在"文件名"文本框中为新建主题文件键入名称。

c)单击"保存",新主题即保存在您的硬盘中。

（8）幻灯片的背景

用户可以为幻灯片设置不同的颜色、图案或者纹理等背景，不仅可以为单张幻灯片设置背景，而且可对母版设置背景，从而快速改变演示文稿中所有幻灯片的背景。

①改变幻灯片背景色的操作方法

a）若要改变单张幻灯片的背景，可以在普通视图或者幻灯片视图中显示该幻灯片。如果要改变所有幻灯片的背景，可以进入幻灯片母版中。

b）单击"设计"选项卡，选择"背景"组下的"背景样式"命令，出现如图 4.25 所示的"背景样式"选项框。

c）选择相应的背景样式应用到幻灯片中。

②改变幻灯片填充效果的操作方法

a）若要改变单张幻灯片的背景，可以在普通视图或者幻灯片视图中选择该幻灯片。

b）在图 4.25 所示的"背景样式"选择框中选择"设置背景格式"命令，出现"设置背景格式"对话框，如图 4.26 所示。

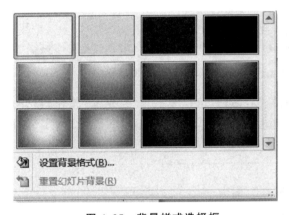

图 4.25　背景样式选择框

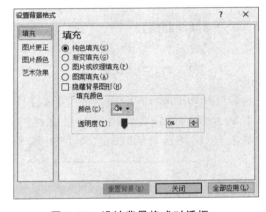

图 4.26　设计背景格式对话框

c）在填充选项卡中设置相应的填充效果。

d）在"渐变填充"单选框中，选择填充颜色的过渡效果，可以设置一种颜色的浓淡效果，或者设置从一种颜色逐渐变化到另一种颜色。在"图片或纹理填充"单选框中，可以选择填充纹理。在"图案填充"单选框中，选择填充图案。

e）若要将更改应用到当前幻灯片，可单击"关闭"按钮，若要将更改应用到所有的幻灯片和幻灯片母版，可单击"全部应用"按钮，单击"重置背景"按钮可撤销背景设置。

【任务 3】新建一个空白演示文稿，在第二张幻灯片位置插入一张"标题和内容"幻灯片。标题输入"计算机系统分类"，内容输入"高性能计算机""微型计算机""工作站""服务器""嵌入式计算机"共 5 行。设置以下内容并保存为系统默认文件名。

A. 应用主题样式为"暗香扑鼻"。

B. 设置标题框字体颜色为：茶色，强调颜色文字 2，淡色 40%；设置内容文本字体格式：中文隶书字体，字符间距加宽 3 磅，段落间距段前 7.5 磅。

C. 为内容文本框中的文字设置项目符号，自定义项目符号字体为 Wingdings，字符代码为 118，来自：符号（十进制），大小为 120%。

操作步骤如下：

①点击"文件"|"新建"，新建一个空白演示文稿，切换到"开始"选项卡，打开"新建幻灯片"右下角按钮打开默认幻灯片模板，选择"标题和内容"并点击。

②在第二张幻灯片标题及内容处输入题目要求的文字。

③在如图 4.23 所示的"主题"组找到"暗香扑鼻"主题并选中，将该主题应用于所有幻灯片。

④选中标题文本框所有文本，切换到"开始"选项卡并点击"字体"组右下角按钮 打开"字体"设置对话框，选择字体颜色为题目要求颜色，如图 4.27 所示。选中内容文本框所有文本，设置好题目要求字体格式后，打开"段落"设置对话框设置间距为段前 7.5 磅，如图 4.28 所示。

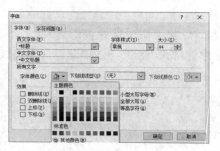

图 4.27　字体设置

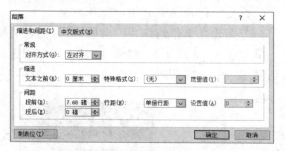

图 4.28　段落设置

⑤打开如图 4.19(b)所示的"项目符号和编号"对话框，选择右下角"自定义"按钮，打开如图 4.29 所示的符号对话框，字体处选择"Wingdings"，字符代码处输入 118，点击"确定"返回如图 4.19(b)所示对话框，在"大小"处填入 120 完成设置。

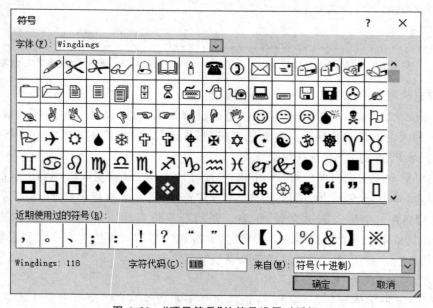

图 4.29　"项目符号"的符号设置对话框

⑥保存文档。

实验二　演示文稿的放映

一、实验目的

1. 掌握幻灯片放映的切换方式与动画效果的设置方法；
2. 掌握幻灯片链接效果的设置方法；
3. 掌握幻灯片的放映控制方法，理解不同的显示方式。

二、实验内容

演示文稿的放映是指连续播放多张幻灯片的过程，播放时按照预先设计好的顺序对每一张幻灯片进行播放演示。PowerPoint 可以直接进行简单的幻灯片放映，即从演示文稿中某张幻灯片起，顺序放映到最后一张幻灯片为止的放映过程，通常应用于对演示文稿要求不高的场景。

为了增强演示文稿的播放效果、突出重点、充分表达主题、吸引观众的注意力，在放映幻灯片时，通常要在幻灯片中使用切换效果和动画效果，使放映过程更加形象生动，实现动态演示效果。在 PowerPoint 2010 中新增了"切换"选项卡，如图 4.30 所示，通过对演示文稿添加切换效果，就可以实现从一张幻灯片到另一张幻灯片的动态转换。

图 4.30　幻灯片"切换"选项卡

1. 设置幻灯片切换方式

幻灯片的"切换方式"是指某张幻灯片进入或退出屏幕时的特殊视觉效果，目的是为了使前后两张幻灯片之间的过渡自然。幻灯片"切换效果"是在演示期间从一张幻灯片移到下一张幻灯片时在进入或退出屏幕时的特殊视觉效果，可以控制切换效果的速度，添加声音，甚至还可以对切换效果的属性进行自定义。用户既可以为选择的某张幻灯片设置切换方式，也可为一组幻灯片设置相同的切换方式。

在"幻灯片"|"大纲"窗格中选中需要添加切换动画的幻灯片，单击"切换"选项卡"切换到此幻灯片"组中右边的"其他"按钮，会弹出切换动画的下拉列表，包括细微型、华丽型、动态内容 3 中类型，每类中又包括多种切换动画，选中需要的切换动画即可完成设置。如图 4.31 所示。

单击"切换到此幻灯片"组中的"效果选项"按钮，可以在弹出的下拉菜单中选中不同的效果选项，针对不同的切换动画，其切换效果选项内容也相应会随之改变。

在"切换"选项卡的"计时"组中可以设置切换动画的播放方式。在其中选中"单击鼠标时"复选框，则切换动画只会在单击鼠标时启动，如图 4.32 所示。而选中"设置自动换片时间"复

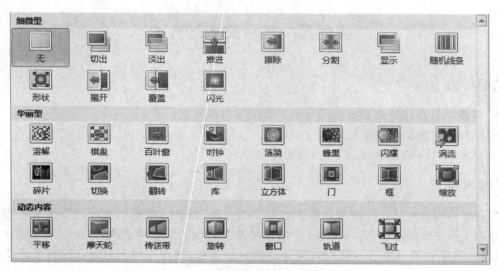

图 4.31　切换动画的下拉列表

选框,则幻灯片的切换会在文本框中的指定的时间自动出现。

　　另外,单击图 4.32 所示的"声音"下拉按钮,可以进行切换声音的选择设置。

　　2. 在幻灯片中添加动画效果

　　动画已经成为演示文稿中使用最

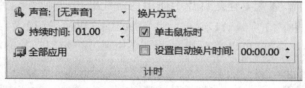

图 4.32　"切换"选项卡"计时"组设置

频繁的功能之一,为幻灯片中的元素添加不同的动画效果,能让演示文稿更加精彩。

　　在如图 4.33 所示的"动画"选项卡中,能成功地添加动画、设置动画效果、设置动画播放方式。

图 4.33　"动画"选项卡

　　幻灯片中的动画有 4 种基本类型,分别是进入、退出、强调和动作路径动画。其中进入动画是指文本、图形图片、声音、视频等对象从无到有出现在幻灯片中的动态过程;与进入动画相对应的动画效果则是退出动画,即幻灯片中的对象从有到无逐渐消失的动态过程;强调动画效果,目的是为了使幻灯片中的对象能够引起观众的注意,使用了强调效果动画的对象,会发生诸如放大缩小、忽明忽暗、跷跷板、陀螺旋等外观或色彩上的变化;动作路径动画可以是对象进入或退出的过程,也可以是强调对象的方式。在幻灯片放映时,对象会根据所绘制的路径运动。

　　其操作步骤通常是,选中幻灯片中的目标对象,切换到"动画"选项卡,单击"动画"组中的"其他"按钮,在弹出的下拉菜单中,如图4.34所示,选择动画类型(进入、退出、强调、动作路径)中需要的动画效果;也可以点击下面的更多效果命令,打开相应的效果对话框显示更多可供选择的动画效果,在其中选择需要的动画效果。

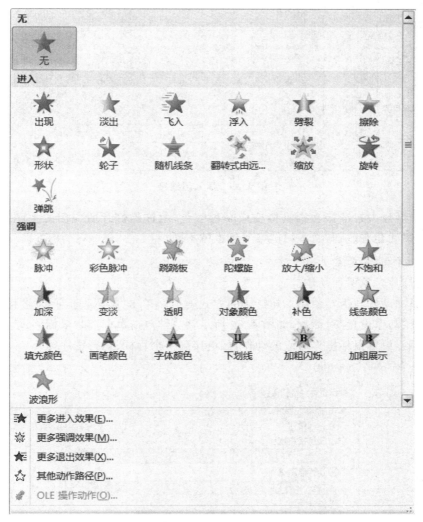

图4.34　动画效果类型

　　3.设置幻灯片的超链接效果

　　超链接是一个对象跳转到另一个对象的快捷途径。幻灯片中的超链接与网页中的超链接类似,都是对象间相互跳转的手段,通过鼠标单击幻灯片中设置有链接的文字、图片等对象,可以快速开启链接的内容。

　　在幻灯片中超链接的对象可以是文本、图形图片,也可以是表格等其他对象。超链接操作步骤为:选定幻灯片并选中要添加超链接的对象,单击"插入"选项卡"链接"组中的"超链接"按钮,会弹出如图 4.35 所示的插入超链接对话框。链接目标可以是链接到现有文件或网页、本文档中的位置、新建文档、电子邮件地址。例如,如果需要链接到"新浪网"网址,在"地址"框内输入"http://www.sina.com.cn"即可。

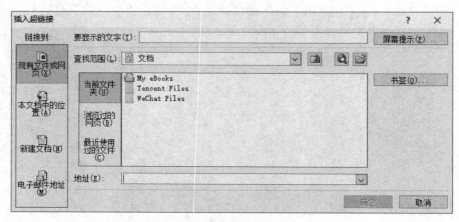

图 4.35　插入超链接

【提示】幻灯片中超链接文本具体变成哪种颜色,由该幻灯片所应用的主题决定,主题不同,其配色方案就会有差别,文本超链接颜色也就不同。

4. 通过动作实现交互

(1)为幻灯片对象添加动作

为对象添加动作与为对象添加超链接的方式类似。单击"插入"选项卡"链接"组中的"动作"按钮,打开"动作设置"对话框,如图 4.36 所示,包括"单击鼠标"和"鼠标移过"两个选项卡,在选项卡上可以设置鼠标操作对应的动作,如链接到某个目标、运行程序等。

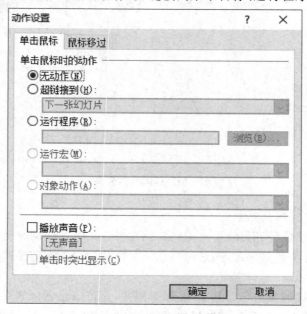

图 4.36　"动作设置"对话框

（2）添加动作按钮

PowerPoint 为用户提供了 12 种不同的动作按钮，并预设了相应的功能，用户只需要将其添加到幻灯片中即可使用。如表 4.1 所示。

表 4.1　动作按钮及功能

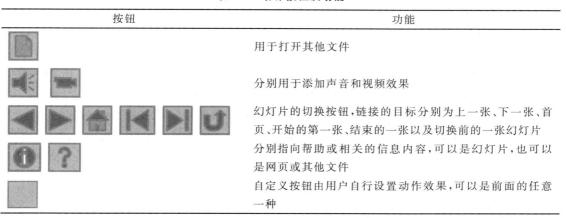

按钮	功能
	用于打开其他文件
	分别用于添加声音和视频效果
	幻灯片的切换按钮，链接的目标分别为上一张、下一张、首页、开始的第一张、结束的一张以及切换前的一张幻灯片
	分别指向帮助或相关的信息内容，可以是幻灯片，也可以是网页或其他文件
	自定义按钮由用户自行设置动作效果，可以是前面的任意一种

为幻灯片添加动作按钮是通过"插入"选项卡"插图"组中的"形状"按钮来实现的。其操作步骤如下：

①在幻灯片中单击"插入"选项卡"插图"组中的"形状"按钮，在弹出的形状列表中选择"动作按钮"所需的按钮。

②在打开的如图 4.36 所示的"动作设置"对话框中选中所需的动作单选按钮，如超链接到、运行程序等。

③单击"确定"按钮关闭"动作设置"对话框，然后通过"绘图工具"|"格式"选项卡为按钮形状应用合适的样式。

5. 幻灯片的放映控制

展示演示文稿最常用的方法就是在 PowerPoint 中直接播放。包括 3 种放映方式：从当前幻灯片开始放映、从第一张幻灯片开始放映和自定义幻灯片放映。

（1）从当前幻灯片开始放映

在"幻灯片放映"选项卡中，单击"开始放映幻灯片"组中的"从当前幻灯片开始"按钮，如图 4.37 所示，或直接按下 Shift+F5 组合键，将以当前幻灯片作为第一张放映的幻灯片。

图 4.37　"开始放映幻灯片"组

（2）从第一张幻灯片开始放映

单击"开始放映幻灯片"组中的"从头开始"按钮，或者直接按下键盘 F5 键，将以整个演示文稿的第一张幻灯片作为首张放映的幻灯片。

（3）自定义幻灯片放映

单击"开始放映幻灯片"组中的"自定义幻灯片放映"按钮，打开"自定义放映"对话框，根据不同的需要，用户可以在该对话框中选择放映该演示文稿的不同部分，以便针对目标对象群体定制个性化的演示文稿放映方案。

当为幻灯片设置了自定义放映按钮时,幻灯片将按照用户指定的部分进行播放。幻灯片的自定义放映方案可以有多种,在"定义自定义放映"对话框的"幻灯片放映名称"文本框中可以为不同的方案设置不同的名称,然后在"自定义幻灯片放映"下拉菜单中根据名称选择不同的放映方案。

6. 放映演示文稿

演示文稿的最终目的是进行放映,以向观众展示和传递演讲者的信息。

(1)确定演示文稿放映模式

单击"幻灯片放映"选项卡中的"设置幻灯片放映"按钮,将打开"设置放映方式"对话框。在其中可以选择放映类型。PowerPoint 为用户提供了 3 种不同场合的放映类型。包括:

• 演讲者放映:由演讲者控制整个演示的过程,演示文稿将在观众面前全屏播放。

• 观众自行浏览:使演示文稿在标准窗口中显示,观众可以拖动窗口上的滚动条或是通过方向键自行浏览,同时还可以打开其他窗口。

• 在展台浏览:整个演示文稿会以全屏的方式循环播放,在此过程中除了通过光标选择屏幕对象进行放映外,不能对其进行任何修改。

确定放映类型后,还可以通过"设置放映方式"对话框的其他选项对演示文稿的放映进行具体的设置,包括:

• "放映幻灯片"栏:设置具体需要放映的幻灯片。如图 4.38(a)所示。

• "放映选项"栏:如图 4.38(b)所示。主要设置是否循环放映,放映时是否添加旁白、动画,绘图笔颜色,激光笔颜色。

• "换片方式"栏:如图 4.38(c)所示。包括两个选项,即"手动"和"如果存在排练时间,则使用它"。注意,如果选择后者,必须保证幻灯片存在排练时间。

• "多监视器"栏:可以使用多台显示器进行放映。如图 4.38(d)所示。

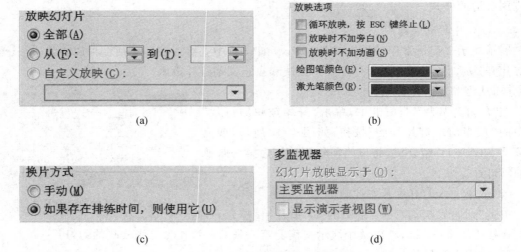

图 4.38　设置放映方式

【任务 1】打开本书配套文件内的"PPT"文件夹下 22. pptx,设置:

A. 设置幻灯片的切换方式为"涟漪",换片方式为自动换片,时间为 1 秒,应用于所有幻灯片。

B. 为第一张幻灯片左边图设置:进入动画为"霹雳",持续时间为 1.5 秒,右边图片设置进入动画为"形状",持续时间为 2 秒,在第二张动画进入同时第一张图片按"淡出"方式退出。

C. 自定义幻灯片放映为第一和第二张幻灯片,幻灯片放映名称为"展示";设置放映方式为"在展台浏览",并循环放映自定义的放映"展示"。

操作步骤为:

①打开指定文件,在如图 4.30 所示的"切换"选项卡"切换到此幻灯片"组中选择"涟漪",并在"计时"组"设置自动换片时间"输入 00∶01∶00,取消换片方式的"单击鼠标时"复选框内勾选。

②点击"动画"选项卡下"高级动画"组中的"动画窗格",在选中该按钮状态下,将在窗口右边打开"动画窗格",再次点击将关闭"动画窗格"。选中第一张幻灯片左边图片,点击"高级动画"组中的"添加动画",打开如图 4.34 所示的动画类型,选择进入类型为"霹雳",在"计时"组中的"开始"下拉框中选择"上一动画之后",持续时间文本框内输入:01.50,如图 4.39 所示。类似操作,选中右边图片,为其添加进入动画"形状","开始"为"上一动画之后",持续时间为 2 秒。再次选中左边图片,为其添加退出动画"淡出","开始"为"与上一动画同时"。

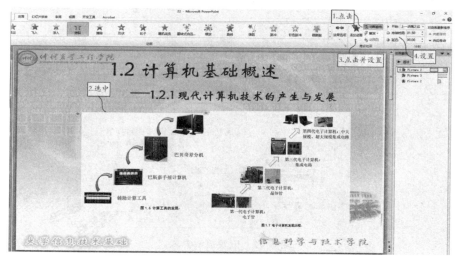

图 4.39　设置动画

③切换到"幻灯片放映"选项卡下的"开始放映幻灯片"组,点击"自定义放映"按钮的下拉列表,选择"自定义放映"打开"自定义放映"对话框,如图 4.40 所示,并点击"新建"按钮,打开如图 4.41 所示"定义自定义放映"对话框。设置放映幻灯片名称为"展示",并在左边列表框中分别选择第 1、2 张幻灯片添加到右边列表框。点击确定返回。

④点击"幻灯片放映"选项卡下"设

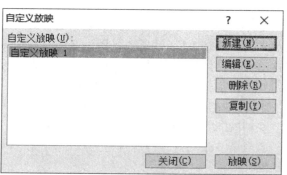

图 4.40　"自定义放映"对话框

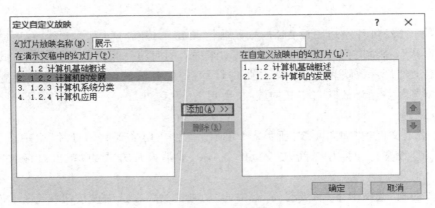

图 4.41　"定义自定义放映"对话框

置"组的"设置幻灯片放映",在打开的"设置放映方式"对话框中,在放映选项复选框组勾选"循环放映,按 ESC 键终止";放映类型单选按钮组中选定"在展台浏览(全屏幕)";放映幻灯片单选按钮组选择"自定义放映"其下拉框中的"展示"选项;换片方式选择"如果存在排练时间,则使用它",如图 4.42 所示,点击"确定"完成设置。

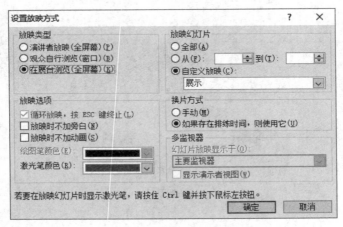

图 4.42　设置放映方式

⑤保存文件。

(2)排练放映时间

"排练计时"功能,是在真实的放映演示文稿状态下,同步设置幻灯片的切换时间,在整个演示文稿放映结束后,系统会将所设置的时间记录下来,以方便在自动播放时,按所记录的时间自动切换幻灯片。同时,也可以方便演讲者把握演讲时间。

其操作步骤为:

①打开"幻灯片放映"选项卡,单击"设置"组中的"排练计时"按钮;此时幻灯片变为全屏模式放映,并在幻灯片左上角出现一个"录制"窗口,如图 4.43 左上角所示。

②当第一张幻灯片排练计时完成后,单击"录制"窗口的"下一项"按钮,切换到第二张幻灯片继续计时。

③当幻灯片放映完成时,会打开一个对话框询问是否保存排练计时,如图 4.43 所示。

图 4.43　排练计时

④排练计时完成后,切换到"幻灯片浏览"视图,在每张幻灯片的左下角可以查看到该张幻灯片播放所需要的时间。

(3)在放映过程中进行书写

在幻灯片放映过程中,用户可以通过鼠标光标在幻灯片中勾画重点或添加手写记录。其操作步骤为:

①在演示文稿放映过程中右击鼠标,在弹出快捷菜单中选择"指针选项/荧光笔"或"指针选项/笔"命令,如图 4.44 所示。

②如果选择"指针选项/荧光笔",当鼠标光标改变后,可以在幻灯片中需要位置进行涂抹重点操作。如果选择"指针选项/笔",当鼠标光标变成圆点后,可以在幻灯片中需要位置进行书写操作。

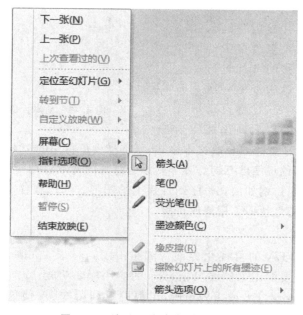

图 4.44　演示文稿放映"快捷菜单"

实验三　幻灯片制作高级应用

一、实验目的

1. 掌握利用幻灯片母版制作公共元素的方法；
2. 了解使用控件工具箱在幻灯片中插入 Flash 文件的方法；
3. 掌握演示文稿的发布方法；
4. 了解"节"的应用。

二、实验内容

1. 幻灯片母版

在制作演示文稿时,常常需要在每一张幻灯片中都显示同一个对象,如制作单位、公司的 Logo,可以利用幻灯片母版来实现。另外,在幻灯片母版上还可以设置页脚内容等其他的公共元素。

幻灯片母版控制幻灯片上所键入的标题和文本的格式与类型。Power-Point 2010 中的母版有幻灯片母版、备注母版和讲义母版。幻灯片母版还可以设置包含幻灯片编号,文本占位符和页脚(如日期、时间)等其他的公共元素。

单击"视图"选项卡下的"幻灯片母版"命令,打开"幻灯片母版"视图,如图 4.45 所示。如果要修改多张幻灯片的外观,不必一张张幻灯片进行修改,而只需在幻灯片母版上做一次修改即可。PowerPoint 2010 将自动更新已有的幻灯片,并对以后新添加

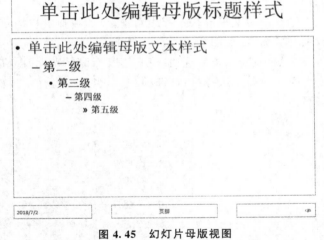

图 4.45　幻灯片母版视图

的幻灯片应用这些更改。如果要更改文本格式,可选择占位符中的文本并做更改。例如,将占位符文本的颜色改为蓝色将使已有幻灯片和新添幻灯片的文本自动变为蓝色。

母版还包含背景项目,例如放在每张幻灯片上的图形。如果要使个别幻灯片的外观与母版不同,应直接修改该幻灯片而不用修改母版。

2. 使用控件工具箱

控件工具箱就是 VBA 的可视化界面。Visual Basic for Applications(VBA)是 Visual Basic 的一种宏语言,主要能用来扩展 Windows 的应用程序功能,特别是 Microsoft Office 软件。Office 软件中的 Word、Excel、PowerPoint 都可以利用 VBA 使这些软件的应用更高效率,例如:Excel 通过一段 VBA 代码,可以实现简单函数难以实现的复杂逻辑的统计。

默认情况下,在 PowerPoint 2010 现有菜单中是无法找到"控件工具箱"这个工具的,要想调用它,需要进行人为设置。其设置步骤为:

单击 PowerPoint 2010 主界面"文件"|"选项"命令;打开如图 4.46 所示的 PowerPoint 选项对话框;单击"自定义功能区",然后在"自定义功能区"下的"主选项卡"下,选中"开发工具"复选框,然后单击"确定"。此时在主选项卡上出现"开发工具"选项卡,如图 4.47 所示。

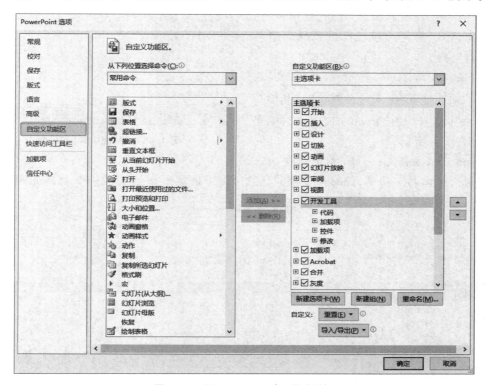

图 4.46　"PowerPoint 选项"对话框

图 4.47　"开发工具"选项卡

【任务 1】新建一个 PowerPoint 文件,并插入一个空白幻灯片,使用开发工具的"控件"工具箱在其中任意位置插入一个 Flash 动画,动画文件可到 Flash 素材网站下载任意 Flash 文件。

【注意】完成本题,需要确保计算机已经安装 Flash 动画显示插件。

【说明】Flash 动画它的文件非常小,由于是矢量的,Flash 无论把它放大多少倍都不会失真,Flash 能实现较好的动画效果以及人机交互性,因此广泛受到欢迎。Flash 动画文件通常以".swf"作为文件后缀。本题要求在 PowerPoint 2010 要插入 Flash 动画,还可以使用前述的插入"视频"方法来完成,即:在"插入"选项卡上单击"视频"按钮,再选择"文件中的视频",找到

Flash 文件,单击"插入"按钮插入视频。

本题主要讨论用"控件"方法来完成 Flash 动画插入。

其操作步骤为:

①点击"文件"|"新建",新建一个 Power-Point 空白演示文稿,切换到"开始"选项卡,打开"新建幻灯片"右下角按钮打开默认幻灯片模板,选择"空白"。

②切换到"开发工具"选项卡,在"控件"组中点击"其他控件"图标 ,在弹出的"其他控件"对话框中选择"Shockwave Flash Object"选项;如图 4.48 所示。

③此时 PowerPoint 工作区光标变为十

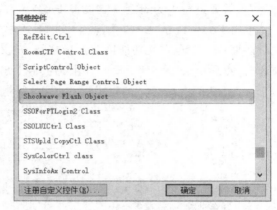

图 4.48   "其他控件"对话框

字,按鼠标左键向右下拖动,此时在工作区"画"出一个带对角交叉线的矩形,如图 4.49 所示。

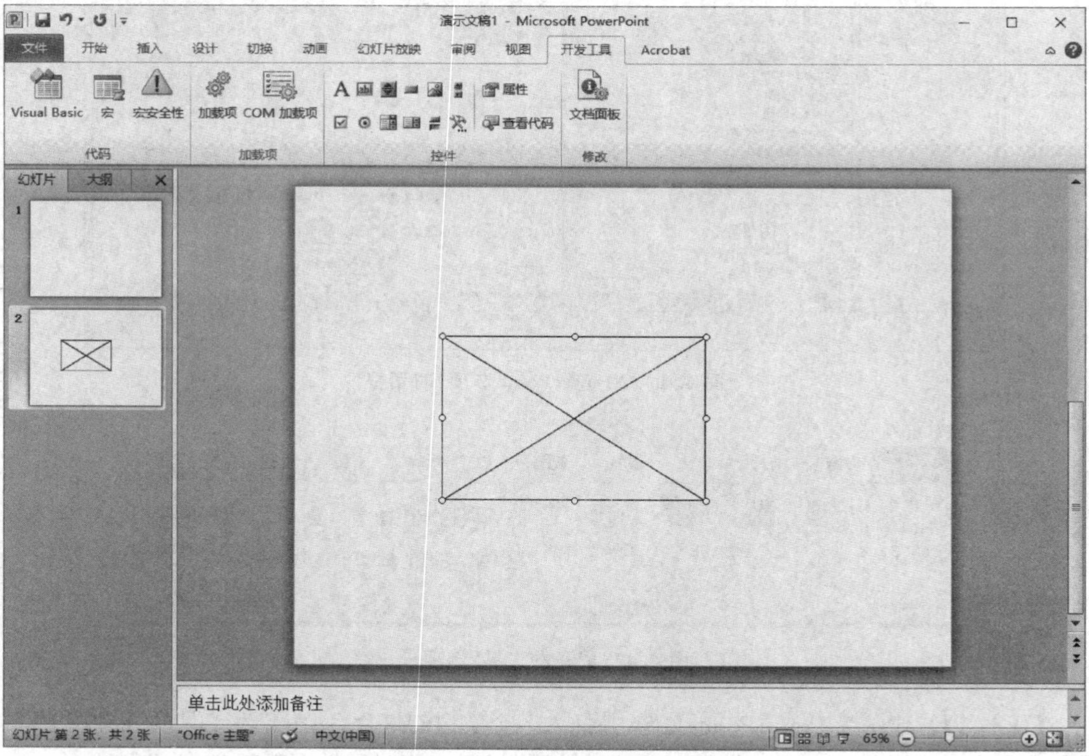

图 4.49   插入"Shockwave Flash Object"控件

④双击该矩形,打开 VBA 窗口,如图 4.50 所示。

⑤在左下角"属性"框中找到 Movie 字段,输入需要插入的 Flash 动画(.swf)文件所在的绝对路径;如"d:\21.swf",关闭 VBA 窗口,返回 PowerPoint 2010 窗口。

⑥此时 Falsh 动画完成插入,放映该幻灯片可以看到幻灯片能正常播放。

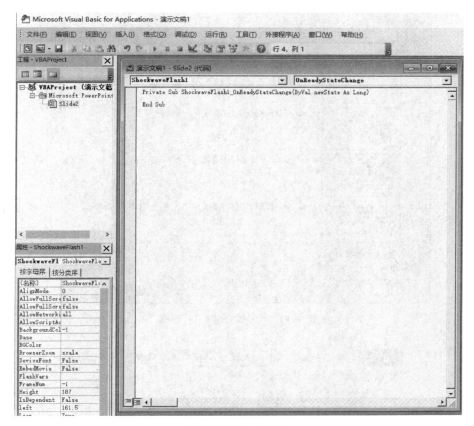

图 4.50　VBA 窗口

3.演示文稿的发布

演示文稿制作完成并按需求保存后,往往需要将其发布给他人阅览或使用。选择"保存并发送"选项卡中的"发布幻灯片"命令,单击其右侧"发布幻灯片"按钮。此时,打开如图 4.51 所示的"发布幻灯片"对话框,选择发布路径及发布的内容,默认情况下,演示文稿将发布至"我的幻灯片库"中,需要时可以直接调用。例如:在"开始"|"新建幻灯片"按钮的下拉菜单中选择"幻灯片从大纲"命令,在打开的"插入大纲"对话框中,可以通过演示文稿的发布路径选择需要插入的幻灯片。

4."节"的应用

当遇到一个庞大的演示文稿时,其幻灯片标题和编号混杂在一起,内容也难分清楚上下文关系。在 PowerPoint 2010 中,可以使用"节"的功能来组织幻灯片,就像使用文件夹组织文件一样。可以对"节"进行命名,分列幻灯片组。如果幻灯片制作是从空白模板开始,可使用节来列出演示文稿的主题。既可以在幻灯片浏览视图中查看节,也可以在普通视图中查看节。

其操作方法为:在左侧"幻灯片/大纲"的"幻灯片"窗格中选中要插入节的幻灯片,右击鼠标,在弹出的快捷菜单中选择"新增节"命令,如图 4.52 所示,将在此幻灯片的上端新增一个节,默认命名为"无标题节",在其上再次右击鼠标,在弹出的快捷菜单中选择"重命名节",可对新增的节重新命名。

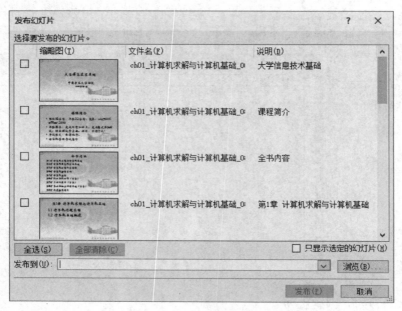

图 4.51　"发布幻灯片"对话框

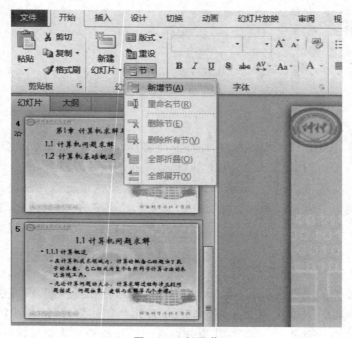

图 4.52　新增节

实验四　PowerPoint 2010 综合练习

一、实验目的

1. 进一步熟悉主题、母版、版式和占位符等的基本概念,理解他们的用途和使用方法;

2. 进一步掌握在幻灯片中插入各种对象(如文本、图片、SmartArt 图形、形状和图表)的方法;

3. 熟练掌握动画的添加和设置方法;

4. 进一步掌握幻灯片的放映方法,理解不同的显示方式。

二、实验内容

【任务】完成"我爱我的仲园"的演示文稿制作。其具体要求及实验步骤如下。

1. 新建幻灯片演示文稿

(1)新建名为"我爱我的仲园"空白演示文稿

(2)选用"流畅主题"

右击"流畅"主题,在弹出的快捷菜单中选择"应用于所有幻灯片"命令,如图 4.53 所示。

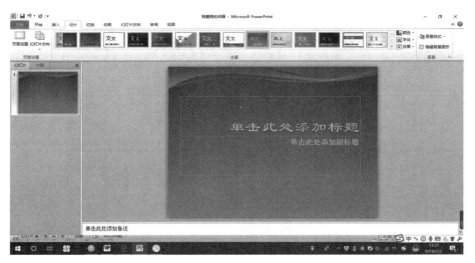

图 4.53　流畅主题

(3)添加演示文稿的背景图形

要求:在所有幻灯片中统一添加和设置仲恺农业工程学院 Logo 图片。

可以通过添加背景图形实现。背景图形位于幻灯片母版上,因此要添加或删除背景图形,必须使用"幻灯片母版"视图。具体操作步骤如下:

在"幻灯片母版"视图左侧选择"标题和内容版式"版式母版。选择"插入"|"图片"命令,打开"插入图片"对话框,选择要插入的外部图片文件 logo.jpg(事先准备好的素材),单击"插入"即可将仲恺农业工程学院 Logo 插入指定位置。如图 4.54 所示。

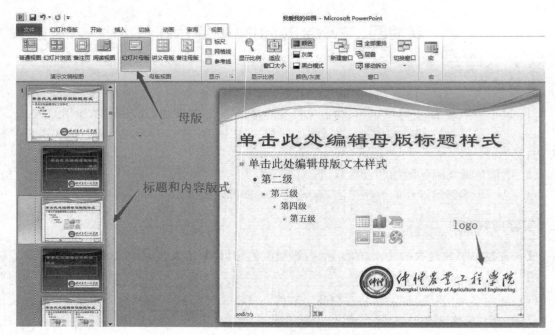

图 4.54　在母版中插入 Logo 图片

（4）修改演示文稿的背景颜色

要求：分别设置第 1 张及最后一张幻灯片（标题幻灯片版式）和其余幻灯片（标题和内容版式幻灯片）的背景颜色。其中：设置标题幻灯片的背景颜色为"渐变填充"|"预设颜色"中的"雨后初晴"样式；设置标题和内容幻灯片的背景格式为选定的图片填充。

可以通过设置各类幻灯片所对应的版式母版的背景样式来实现。操作步骤如下：

①设置标题幻灯片的背景颜色。

在"幻灯片母版"视图中选定"标题幻灯片版式"母版幻灯片，单击"背景样式"|"设置背景格式"命令，打开"设置背景格式"对话框，选择"填充"|"渐变填充"，在"预设颜色"下拉框中，选择"雨后初晴"样式，如图 4.55 所示。

单击"关闭"按钮，即可将当前设置的背景颜色应用于所选的版式母版。如果单击"全部应用"命令，则可将背景颜色应用于所有的版式母版。

②设置"标题和内容版式"幻灯片的背景颜色。

在"幻灯片母版"视图中，选择"标题和内容版式"母版幻灯片。在"设置背景格式"对话框中，点击鼠标左键选中"图片或纹理填充"前面的单选按钮，点击"插入自："下面的"文件（F）…"按钮，找到要插入的背景图片文件"背景.jpg"（事先准备要插入的背景素材文件）后点击"插入"命令，在"设置背景格式"对话框中点击"关闭"按钮即可，如图 4.56 所示。

（5）统一修改演示文稿的标题样式

要求实现"标题和内容版式"母版幻灯片的标题样式为：字体格式为"微软雅黑、白色、48、加粗"；文本样式为"微软雅黑、深蓝色、32、加粗"；设置"第二级"样式为"微软雅黑、蓝色、28、加粗"；设置"第三级"样式为"微软雅黑、紫色、24、加粗"；设置"第四级"样式为"微软雅黑、黑色、20、加粗"；设置"第五级"样式为"微软雅黑、黑色、18、加粗"。

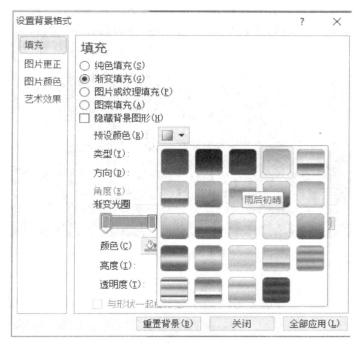

图 4.55　设置背景格式对话框

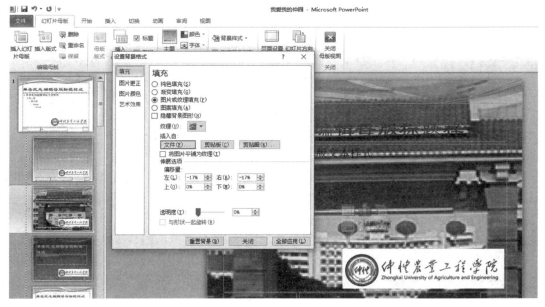

图 4.56　背景图片插入

操作步骤如下：

通过对"标题和内容版式"版式母版的标题占位符样式进行设置,直接应用到相应的幻灯片中。占位符显示为一种带有虚线或阴影线边缘的框,它用于统一设置对象的格式,如图4.57所示。在幻灯片母版视图中,选择"标题和内容版式"版式母版,在幻灯片编辑区中,选中

"单击此处编辑母版标题样式"文本,移动鼠标,文本上方会自动显示"文本编辑"浮动工具栏。利用"文本编辑"工具栏设置标题样式及文本样式为所要求的字体、颜色、大小和对齐方式等内容。适当调整标题样式和文本样式占位符的大小和位置,以满足实际要求。

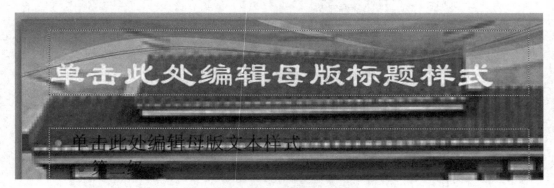

图 4.57　标题样式

【注意】

在 PowerPoint 2010 中,母版分为两类:幻灯片母版(一张)和版式母版(若干张),在"幻灯片母版"视图左侧,第一个是幻灯片母版,负责为所有幻灯片的标题和内容占位符定义通用的格式,其余的全部是版式母版,它们位于幻灯片母版下方。幻灯片母版通过不同的占位符来控制各版式母版的格式。一个主题拥有一套完整的母版,即对应于该主题的一张幻灯片母版和一系列版式母版。

母版中不包括幻灯片的实际内容,它仅在幕后为实际幻灯片提供各种格式设置。本质上讲,不是在向幻灯片应用主题,而是向幻灯片母版应用主题,然后再向幻灯片应用幻灯片母版,以保持一致的风格。

2. 保存演示文稿

在默认路径下,保存文件为"我爱我的仲园.pptx"

3. 在幻灯片中插入各种对象

(1)插入图片及艺术字

要求:在第 1 张幻灯片中插入图片作为背景,图片为读者自选;同时在第 1 张幻灯片中插入内容为"美丽的仲恺校园"的艺术字作为标题;插入内容为"仲恺农业工程学院计算机中心制作"的艺术字作为副标题。所有艺术字格式设置参见以下详细步骤。

①在"普通视图"下选中第 1 张幻灯片后单击鼠标右键,在弹出的快捷菜单中依次点击"版式"|"空白",点击"插入"|"图片",找到要插入的背景图片文件背景后点击"插入"命令,调整图片大小和位置,让它充满整个幻灯片,如图 4.58 所示。

②选择"插入"选项卡中"文本"组内的"艺术字"命令,打开"艺术字"菜单,选择需要的艺术字样式,如图 4.59 所示。本次实验选择"渐变填充为灰色,轮廓为灰色"。在插入的艺术字编辑区中键入具体内容"美丽的仲恺校园"(注意:不同主题下艺术字库中的内容不同)。

③选择"绘图工具格式"选项卡中"艺术字样式"组内的"文本填充""文本轮廓""文本效果"命令进行设置。设置文本填充:"红色";文字效果:阴影为"右下斜偏移"、发光为"黄色 8pt 强调文字颜色 3",转换为"弯曲—朝鲜鼓"。设置"美丽的仲恺校园"的字体格式为:隶书。选定

图 4.58 插入图片

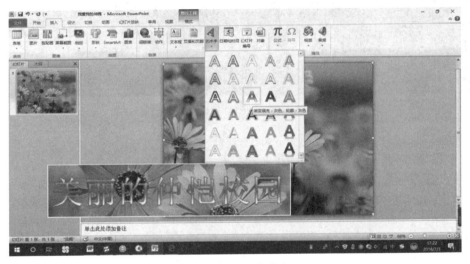

图 4.59 插入艺术字

"美丽的仲恺校园"后调整其大小和位置。

④插入另外一种内容为"仲恺农业工程学院计算机中心制作"的艺术字作为副标题,其样式为:填充为青绿,强调文字颜色 2,粗糙棱台;并设置其文本填充效果:预设颜色为熊熊火焰,渐变光圈的颜色为黑色,字体格式为"微软雅黑 32 加粗",并调整其大小和位置。插入后第 1 张幻灯片的最终效果如图 4.60 所示。

(2)插入 SmartArt 图形

要求:在第 2 张幻灯片中插入一个 SmartArt 图形,如图 4.61 所示。

操作步骤如下:

①插入 SmartArt 图形

点击"开始"选项卡"幻灯片"组中的"新建幻灯片"下的"标题和内容",插入第 2 张幻灯片,

图 4.60　第 1 张幻灯片最终效果参考

选择"插入"选项卡中"插图"组内的"SmartArt"命令，打开"选择 SmartArt 图形"对话框，在"列表"栏中选择"垂直 V 行列表"，单击"确定"。

【提示】创建 SmartArt 图形时，系统将提示选择一种 SmartArt 图形类型，如流程图、循环图、列表等，每种类型又包含不同的布局。实际上创建 SmartArt 图形的过程，就是选择需要的某种布局样式。

②添加 SmartArt 图形的形状

默认该图形有三个形状，如果要增加更多形状，选择"SmartArt 工具设计"选项卡中"创建图形"组内的"添加形状"命令，打开"添加形状"菜单，单击"在后面添加形状"即可完成添加。

【提示】SmartArt 图形中各形状之间是相互独立的，可以对它们进行单独设置。

③添加 SmartArt 图形的文本

选择需要添加文字的 SmartArt 图形，选择"SmartArt 工具设计"选项卡中"创建图形"组内的"文本窗格"命令，该命令是个开关命令，可以将"文本窗格"显示在 SmartArt 图形的左侧或者关闭。将图 4.61 所示的文字在"文本窗格"中输入。

【注意】SmartArt 图形会自动更新在"文本"窗格中添加和编辑的内容，即会根据"文本"窗格的内容添加或删除相应的形状。本质上，每个 SmartArt 图形定义了它自己在"文本"窗格中的项目符号与 SmartArt 图形中的一组形状之间的映射。有些 SmartArt 图形包含的形状个数是固定的，因此在 SmartArt 图形中只能显示"文本"窗格的部分内容。未显示的部分在"文本"窗格中用一个红色"X"标识。

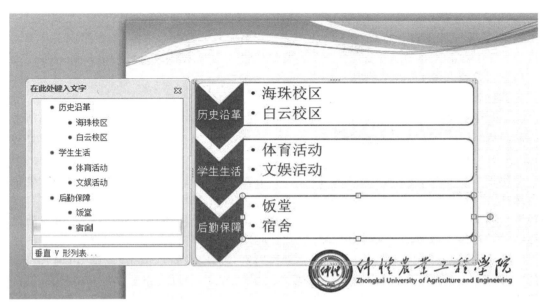

图 4.61　SmartArt 图形中的文本窗格

④设置 SmartArt 图形的格式

可以采用自动或手动两种方式格式化 SmartArt 图形。自动方法常用于 SmartArt 图形外观的整体设置,而手动方法则用于 SmartArt 图形中某个形状的格式设置。本实例可先通过自动设置确定整体风格,再采用手动设置实现细节的美化。

4. 添加音频文件

在幻灯片中本实例要在第 1 张幻灯片处添加外部音频文件"年轻的朋友来相会. mp3",插入声音后,将会显示一个喇叭状的音频文件图标。如图 4.62 所示。

图 4.62　插入音频文件

5. 自定义动画

要求：为第 1 张幻灯片标题"美丽的仲恺校园"添加多个动画效果（详细参照以下步骤），然后再设置下面副标题的动画效果为：自左侧擦除的进入效果。其他幻灯片的动画效果的设置读者根据自己个人喜好自行完成。

具体操作步骤如下：

①添加缩放进入效果，持续时间为 1 秒。选中"美丽的仲恺校园"，选择"动画"选项卡中"动画"组内"进入"区域的"缩放"命令，在"动画"组内的"效果选项"中选择"消失"|"幻灯片中心"类型，在"计时"组内选择"持续时间为 01.00"。

②添加动作路径动画，令"美丽的仲恺校园"沿向下曲线离开幻灯片。选中"美丽的仲恺校园"，选择"高级动画"选项卡中"添加动画"命令，在下拉列表中选择"动作路径"区域的"自定义路径"命令，此时鼠标指针变成十字状，绘制需要的动画路径，双击结束曲线绘制，可以通过拖曳曲线的首尾端点修改路径长度和形状。在"计时"组内选择"开始为上一动画之后"。

③选中"仲恺农业工程学院计算机中心制作"，选择"动画"选项卡中"动画"组内"进入"区域的"擦除"命令，在"动画"组内的"效果选项"中选择"方向"|"自左侧"类型即可完成动画的设置操作。

6. 添加切换方式

要求：为所有幻灯片添加统一的切换效果。

操作步骤如下：

选择"切换"选项卡中"切换到此幻灯片"组命令，在"切换到此幻灯片"下拉列表中单击一种切换效果，如"涟漪"，如图 4.63 所示。单击"全部应用"即可实现所有幻灯片同时应用同一种切换效果。

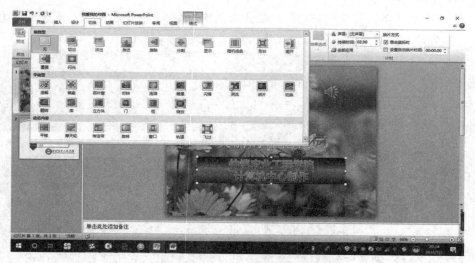

图 4.63　幻灯片切换效果选择

第五章　网络基础应用

实验一　网络基本配置与资源共享

一、实验目的

　　1. 掌握 TCP/IP 协议的参数配置；

　　2. 掌握资源共享的设置方法；

　　3. 掌握网上邻居的使用方法。

二、实验内容

　　1. 查看与设置 IP 地址、子网掩码等基本参数

　　操作步骤如下：

　　①单击"开始"|"控制面板"|"网络与共享中心"(或者右击桌面网络图标,在弹出的快捷菜单中选择"属性"),点击左边栏目的"更改适配器设置"。

　　②双击"本地连接",在"本地连接状态"对话框中单击"属性"按钮(或右击"本地连接"选择快捷菜单中的"属性"),打开"本地连接属性"对话框,如图 5.1 所示。

　　③双击"Internet 协议版本 4(TCP/IPv4)"选项,查看计算机设置的 IP 地址、子网掩码、默认网关和首选 DNS 服务器等信息,如图 5.2 所示。如果计算机未设置相关信息,可在"Internet 协议版本 4(TCP/IPv4)属性"对话框中选择"使用下面的 IP 地址"单选按钮,根据 ISP 提供的 IP 地址等信息依次输入："IP 地址",如 192.168.0.28(注意：一个子网中每台计算机的 IP 地址都应该不同)；"子网掩码",如 255.255.255.0(C 类主机)；"默认网关",如 192.168.0.8；DNS 服务器地址,如 192.168.0.1。如图 5.2 所示。

　　2. 使用 ipconfig.exe 程序检查你计算机上网卡的 IP 信息

　　网卡地址：＿＿＿＿＿＿＿＿＿＿＿＿＿＿＿＿

　　子网地址：＿＿＿＿＿＿＿＿＿＿＿＿＿＿＿＿

　　网关地址：＿＿＿＿＿＿＿＿＿＿＿＿＿＿＿＿

　　【提示】运行 cmd 进入命令行方式,输入 ipconfig.exe/all 可显示网卡的 IP 信息,如图 5.3 所示。

　　3. 使用 ping 命令测试网络连通性

　　ping 命令是 Windows 操作系统自带的一个网络连通情况检测程序,它可以在"命令提示符"窗口下执行。许多网络设备(如路由器,交换机)也支持 ping 命令。ping 命令用于确定本

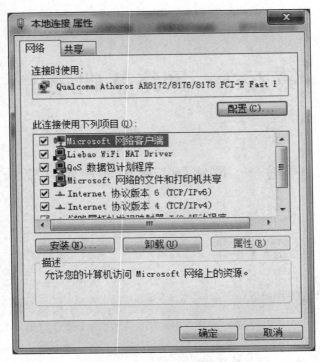

图 5.1　本地连接属性对话框

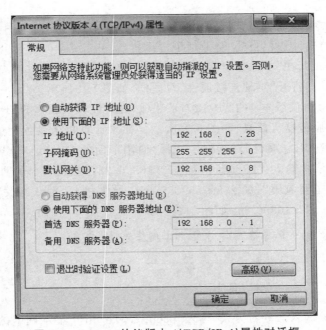

图 5.2　Internet 协议版本 4(TCP/IPv4)属性对话框

机是否能与另一台主机交换数据。ping 命令主要用于网络故障检测，或者缩小故障范围，如果 ping 命令运行正确，基本上可以排除网卡、TCP/IP 配置、通信线路、路由器等存在的故障。它是一个使用频率极高的网络实用程序。

图 5.3   ipconfig 查看网卡的 IP 信息

在默认设置下,ping 命令发送 4 个回送请求检测数据包,每个数据包为 32Byte,如果网络运行正常,本机就会收到 4 个回送的应答数据包。

(1)检查网卡是否正常工作

【提示】从第 2 题获得本机的 IP 地址,例如"192.168.0.28"。单击"开始"|"运行"命令,在"打开"文本框中输入"cmd",单击"确定"按钮,出现"命令提示符"窗口,在命令提示符后输入"ping 192.168.0.28"回车。

如果能够从所 ping 的机器得到回应,则表示该台机器的参数配置成功,如图 5.4 所示;如果出现如图 5.5 所示提示,则需要重新检查参数设置或硬件配置,直到 ping 成功为止。

图 5.4   ping 命令显示联网成功

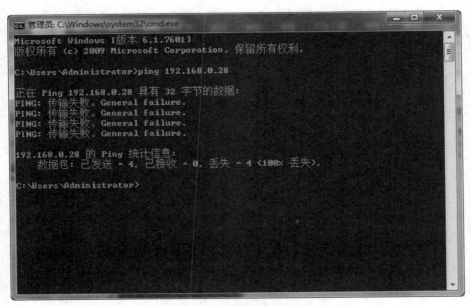

图 5.5　ping 命令显示联网不成功

（2）检查网关连接是否正常

【提示】从第 2 题获得的网关 IP 地址，例如"192.168.0.8"，在命令提示符后输入"ping 192.168.0.8"后回车，查看显示结果。

（3）检查特定网站连接是否正常

【提示】例如，检查新浪网站的连接是否正常，在命令提示符后输入"ping www.sina.com.cn"后回车，查看显示结果，如图 5.6 所示。

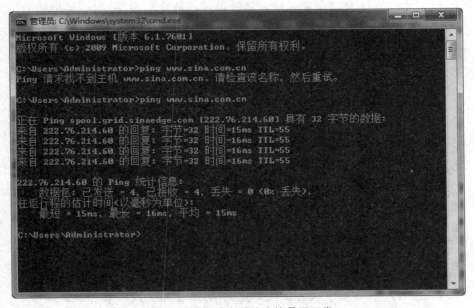

图 5.6　检查特定网站连接是否正常

4. 设置一个共享文件夹

Windows 7 系统中的文件夹分为个人文件夹和共享文件夹。Windows 为计算机的每一个用户创建个人文件夹,如"我的文档"仅供某用户专用。共享文件夹则是对于计算机和网络上的所有用户都可访问而提供的存储场所。

在 Windows 7 中,驱动器、文件夹或文件资源都可共享,实现共享有 3 种形式:同一计算机上多个用户共享文件或文件夹;在局域网上共享驱动器或文件夹;在 Internet 上共享。如果将文件或文件夹移动或复制到"共享文档"中,则计算机上的所有用户都能访问它;使用快捷菜单中的"属性"命令,在"共享"选项卡中对文件共享进行设置,可使文件夹或驱动器在局域网上共享;Internet 上的共享需将文件发布到 Web 服务器上。

将文件夹或驱动器设置为共享后,需要给共享对象命名。共享名是其他用户在访问该文件夹或驱动器时看到的名称,默认为原文件夹或原驱动器名。

【提示】操作步骤如下:

打开"我的电脑",找到需要共享的文件夹,如 D 盘的 music 文件夹,右击该文件夹,选择"属性"|"共享"选项卡,第一次设置共享会出现如图 5.7(a)所示对话框。

在"共享"选项卡中单击"高级共享"按钮,如图 5.7(b)所示。在"高级共享"对话框选中"共享此文件夹"复选框,这时"权限"和"缓存"按钮变为可用状态。在"music 的权限"对话框中更改该共享文件夹的用户及权限;若清除"完全控制"复选框,则其他用户能够对文件夹的内容进行读取和更改,单击"确定"按钮保存设置,如图 5.7(c)所示。

同样的方法可以设置共享驱动器,如将"DVD 驱动器"设置为共享。

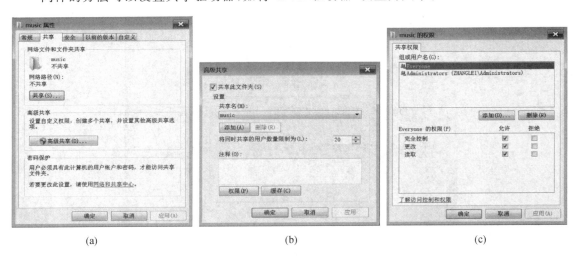

(a)　　　　　　　　　　　(b)　　　　　　　　　　　(c)

图 5.7 文件夹共享对话框

5. 将使用的计算机名标识为 MyComputer

【提示】为了使网络上的其他用户能访问计算机,必须给每台计算机一个唯一的名称以标识计算机,并将它们连接到工作组中。网络协议按照"计算机名"来识别网络中的各台计算机。当其他用户浏览网络时,它们可以看到该计算机的名称。任何有意义的名称都可以作为计算机名。操作步骤如下:

①右击"我的电脑",选择快捷菜单中的"属性",打开"系统"面板,如图 5.8 所示,点击"更

改设置"按钮,打开"系统属性"对话框,如图 5.9 所示。

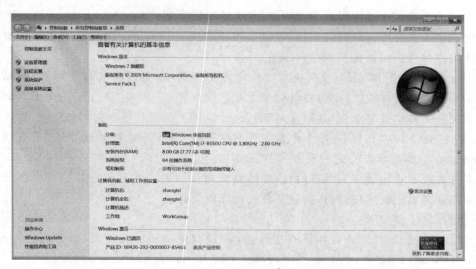

图 5.8　"系统"面板

图 5.9　"系统属性"对话框

②右击"更改"按钮,显示"计算机名/域更改"对话框,如图 5.10 所示,可以对计算机名和所属工作组重新进行设置。

6. 设置共享打印机

【提示】共享打印机允许网络上的其他计算机通过网络来使用该资源。

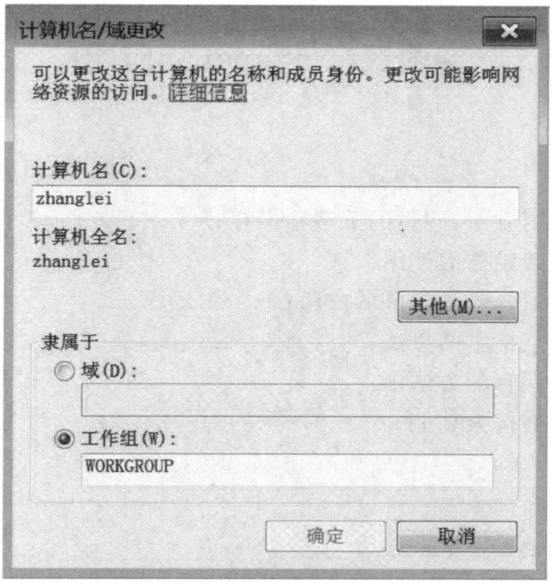

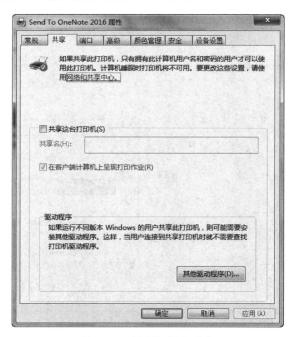

图 5.10　"计算机名/域更改"对话框

　　单击"开始"|"设备和打印机",进入"设备和打印机"窗口,右击要共享的打印机图标,选择"打印机属性"|"共享"选项卡进行设置,如图 5.11 所示。

图 5.11　设置打印机共享

　　7. 查看、使用共享资源

　　【提示】双击打开桌面上"网络",便可显示工作组内的计算机和资源,双击打开含有共享资源的计算机,即可使用共享资源。

实验二　Internet 的应用

一、实验目的

1. 掌握浏览器的使用方法，网页的下载和保存；
2. 掌握搜索引擎或搜索器的使用；
3. 掌握电子邮箱申请与收发邮件的方法；
4. 掌握百度网上信息检索的方法；
5. 掌握信息浏览及保存的方法；
6. 熟练运用期刊网的搜索功能。

二、实验内容

1. 申请免费电子邮箱

【提示】通常申请免费邮箱需要在提供该服务的网站上注册。免费邮箱申请成功后，一般要求用户经常使用。如果用户超过 180 天未登录邮箱，则该邮箱有可能被系统自动删除。下面以网易为例，通过申请通行证，成为网易会员，就可以得到网易提供的免费电子邮箱。

操作步骤：

①打开 IE 浏览器，在地址栏输入 http://mail.163.com，进入网易免费邮箱登录界面，如图 5.12 所示。

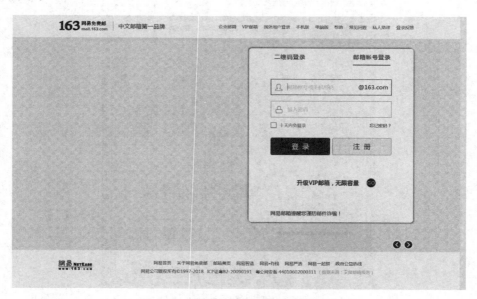

图 5.12　网易免费邮箱登录注册页面

②单击"注册"按钮，进入网易通行证注册页面。

③依次填写邮箱地址（即邮箱用户名）、登录密码、手机号码、验证码等，同意"网易服务条款"和"隐私权相关政策"，单击"立即注册"按钮提交表单。

④注册信息均通过后进入注册成功页面,单击"进入免费邮箱"进入邮箱。

以后要使用网易邮箱,可先登录网易的首页,然后单击页面上方的"免费邮箱"超链接,进入网易 163 免费邮箱登录页面,输入邮箱用户名与密码,便可进入邮箱。

2. Internet Explorer 浏览器的基本操作

(1)查找一个带有图片的网页文件,分别保存为"HTM"和"MHT"文件,并比较它们的不同。

【提示】

①保存网页为多个文件

当用 IE 浏览网页时,看到有用的资料,如果希望把它们保存下来,可以通过 IE 浏览器的"文件"|"另存为"命令,然后在"保存网页"对话框中选择保存网页的路径与目录,保存类型选择"网页,全部(＊.htm;＊.html)",然后单击"保存"按钮。这样保存的网页文件为 Web 页,文件类型为 HTML 文件,网页图片等素材都存放在一个以"Files"命名的文件夹中。

②保存网页为单一文件

在"保存网页"对话框中单击"保存类型"下拉列表框就会发现,有几种保存类型可供选择。其中,选择保存文件类型为"Web 档案,单一文件(＊.mht)",IE 就会把网页上的所有元素,包括文字和图片集成保存在一个 MHT 类型的文件中,不管把这个文件放到哪台计算机上,打开后都是一张图文并茂的网页。

(2)将一个带有文字、图片、表格的网页文件复制到 Word 文档中,并消除各种不规范的格式。

【提示】打开网页后,选择 IE 浏览器的"文件"|"另存为"命令,在"保存网页"对话框中选择保存网页的路径与目录,在"保存类型"中选择"文本文件(＊.txt)",单击"保存"按钮,网页就保存为文本文件,但是网页中的图片、表格都会被清除,因为文本文件不支持图片与表格。可以采用以下方法解决这些问题。操作步骤:

①全选整个网页内容("编辑"|"全选"),复制并粘贴到一个空白 Word 文档中。

②选中 Word 中所有内容,单击"格式"工具栏左边"样式"框,在下拉列表中选择"清除格式",如图 5.13 所示。这样,行距、图片和表格将变得规范起来。

③对于 Word 文档中的软回车符"↓",可以利用"替换"功能清除。选择菜单中"编辑"|"替换"命令,在"查找和替换"对话框中的"查找内容"框中输入"^l",在"替换为"框中输入"^p"(硬回车符),然后单击"全部替换"按钮即可消除文档中的全部软回车符。

(3)IE 浏览器常规设置

有设置主页、删除 Internet 临时文件、收藏夹的使用以及禁止显示 Web 页中的图形或其他项目以加快网页的浏览速度等 4 个方面设置。

【提示】操作步骤:

在 IE 浏览器中选择"工具"|"Internet 选项"命令,在弹出的"Internet 选项"对话框中选择"常规"选项卡,可以对 IE 的一些常规属性进行设置。

①主页设置:主页是指浏览器打开时首先连接的站点。用户每次启动 IE 时,IE 总是自动打开主页。可以通过在地址栏输入地址来设置主页,还可以在连接到该站点后选择"使用当前页"。

②删除 Internet 临时文件:每次上网后,计算机都会在特定目录中保留查看过的网页内容,要删除上网后产生的这些临时文件,可以通过"工具"|"Internet 选项",在弹出的"Internet

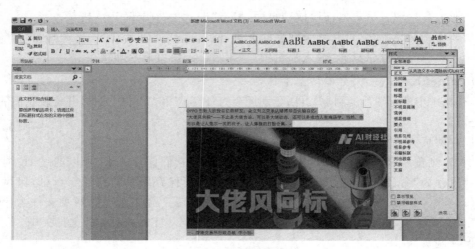

图 5.13 清除网页格式

选项"对话框中选择"常规"选项卡,单击"删除"按钮,选择"Internet 临时文件(T)"复选框,然后单击"确定"按钮即可删除本机上的 Internet 临时文件。

③收藏经常使用的网站地址:浏览到感兴趣的网址时,单击菜单"收藏夹"|"添加到收藏夹"命令,将页面保存在 IE 浏览器的收藏夹中。

④禁止显示 Web 页中的图形或其他项目:为了加快浏览网页的速度,可以设置不下载图片以及动画、视频、声音等多媒体信息,使整个网页的下载速度大大提高。在"Internet 选项"对话框中选择"高级"选项卡,找到"多媒体"分类,取消"显示图片""在网页中播放动画""在网页中播放声音"等全部或部分复选框,如图 5.14 所示为 IE 11 中的设置。观察访问某 Web 页的多媒体效果。

3. Internet 上的信息检索

(1)利用国家统计局网站(www.stats.gov.cn)提供的历年统计公报,查阅 2013-2017 年各级各类学校在校学生数情况,并把结果汇总到 Excel 表中。

【提示】操作步骤如下:

①在 IE 浏览器的地址栏输入地址:"http://www.stats.gov.cn",打开中华人民共和国国家统计局主页。

②单击"数据查询"栏目中"年度数据"超链接,打开年度数据分类检索页面,如图 5.15 所示。

③在"教育"项中点击"各级各类学校在校学生数",系统自动检索近 10 年数据,如图 5.16 所示。

(2)在中国期刊全文数据库中查找 2010—2018 年间在《网络安全技术与应用》刊物发表的有关"linux"的文献资料,并把前 3 条搜索结果的文章名称、作者、发表年期、关键词、摘要等信息汇总到 Word 文档表格中。

【提示】操作步骤如下(仅以仲恺农业工程学院图书馆主页为例,其他学校读者可以登录到自己学校图书馆主页或者直接登录到 www.cnki.net)。

①在 IE 浏览器的地址栏输入地址:"http://www.zhku.edu.cn/",登录仲恺农业工程学

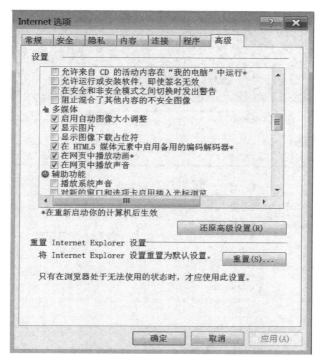

图 5.14　禁止显示网页中的多媒体项目

图 5.15　统计数据检索页面

院主页,在导航栏中单击"图书馆",进入图书馆主页,在"常用资源"栏目中单击"中国知网"超链接,打开主页,如图 5.17 所示。

②点击"高级检索",检索条件选择"篇名",输入关键词"linux";匹配方式选择"精确";时间选择"从 2010-1-1 到 2018-12-31";在"文献来源"输入"网络安全技术与应用",单击"检索"按

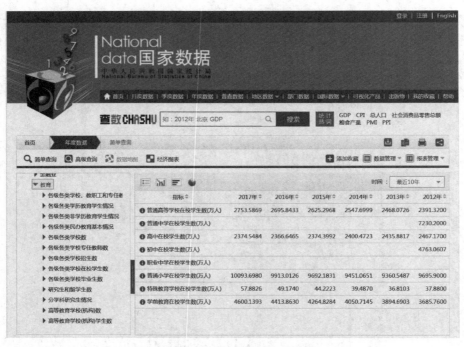

图 5.16　各级各类学校在校学生数情况

图 5.17　中国知网主页

钮，显示检索结果页面，如图 5.18 所示。

　　③将相关信息汇总到 Word 文档表格中。

　　（3）查找包含从广州到北京的打折机票相关信息。

　　【提示】选择百度或 Google 等搜索引擎，搜索关键词：飞机票打折广州－北京，搜索结果如图 5.19 所示。

　　4. Internet 文件下载

　　当前网络常用的下载方式有 HTTP、FTP、P2P 几种方式。HTTP 或 FTP，这两种协议的下载方式都是集中下载，而 P2P 则采取了非中心化下载的方式。集中下载比较大的缺点，就

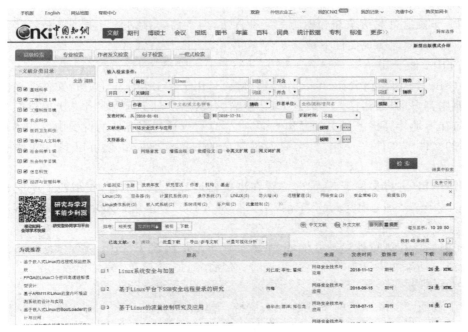

图 5.18　检索结果页面

图 5.19　百度搜索结果页面

是难以解决单一服务器的带宽压力,因为它们使用的都是传统的客户端服务器的方式。P2P就是 peer-to-peer。资源开始并不集中地存储在某些设备上,而是分散地存储在多台设备上。这些设备姑且称之为 peer,参与的每台计算机既是资源(服务和内容)提供者(server),又是资源(服务和内容)获取者(client),网络上的某台计算机一旦采样 P2P 方式下载文件,这台计算机也就成为 peer 中的一员。当某个用户想下载一个文件的时候,如何知道哪些计算机(peer)有这个文件呢? 这就需要借助大家熟悉的种子文件。即 .torrent 文件,它由两部分组成,分别是:announce(tracker URL)和文件信息。

　　(1)HTTP 下载

　　HTTP 下载文件是大家较为熟悉的一种方法,通常需要在网页上提供下载链接。点击下载链接即可以方便地实现文件下载。

　　(2)FTP 文件下载

　　FTP(File Transfer Protocol,文件传输协议)是用于在 Internet 上进行文件传输的一套标准协议,使用客户/服务器模式。通过 FTP 传输协议,用户对于远程服务器上提供的文件服务操作,就与在本地计算机上的文件操作一样。比如,看到远程服务器的资源内容和本地资源管理器看到的文件与文件夹一样,只需要通过简单的"复制""粘贴"就可以完成文件的上传与下载。

　　要使用 FTP 进行文件下载操作,需要在浏览器地址栏输入地址,类似我们平时输入的网址,如"ftp://ftp. microsoft. com/""ftp://192. 168. 1. 102"。这里必须注意,地址前面必须添加协议头"ftp://"。

　　【提示】通常,在浏览器内输入地址,系统会默认添加协议头"http://",当系统不能自动添加协议头或自动添加协议头非需要的协议时,必须在地址前面手动添加协议头。

　　(3)P2P 下载

　　P2P 下载通常需要相关的下载软件来支持。比如 μTorrent、BitTorrent 工具。当准备好下载文件的种子文件(. torrent)后,利用工具打开该种子文件就可以实现自动下载。

第六章　数据库技术基础实验

实验一　数据库及表的操作

一、实验目的

1. 掌握 Access 2010 的启动和退出方法；
2. 熟悉 Access 2010 的工作环境及组成；
3. 掌握新建、保存、另存为、打开及关闭 Access 数据库的方法；
4. 掌握新建 Access 数据库表的方法；
5. 掌握 Access 数据库表增加、修改、输入数据的方法。

二、实验内容

Access 2010 是 Office 2010 办公软件的另外一个重要组成部分,其主要用于数据量小、需要处理问题又比较复杂的场合。相对于 Excel 定位于数据分析而言,Access 定位于更为规范的数据管理;作为一个关系数据库管理系统,它在数据的存储、共享协作、数据查询、报告生成上,都远比 Excel 功能强大;其相对于其他如 SQL Server、Oracle 等中大型数据库系统而言,其成本低廉、简单易学,更适合普通用户。

1. Access 2010 启动与退出

启动及退出 Access 2010 常用的方法与 Office 2010 其他组件,如 Word、Excel 等,启动与退出操作类似。

2. Access 2010 界面

启动 Access 2010 后,会出现如图 6.1 所示的 Access 2010 工作首界面,该界面主要提供创建数据库的导航。当选择新建空白数据库,或者新建 Web 数据库,或者选择某种模板后,就正式进入工作界面,如图 6.2 所示。Access 2010 工作界面包括快速访问工具栏、标题栏、选项卡功能区、状态栏、导航栏、数据库对象窗口以及帮助等组成部分。

Access 2010 快速访问工具栏、标题栏等部分与 Office 2010 其他组件界面的相应部分类似。

(1)Access 2010 命令选项卡

Access 2010 主要操作是通过功能区包含的命令选项卡提供的各种命令来完成。这些命令选项卡主要包括:"文件""开始""创建""外部数据""数据库工具"。

"文件"选项卡与"开始"等其他选项卡的结构不同,主要由包含一组对文件操作的命令按

图 6.1　Access 2010 工作首界面

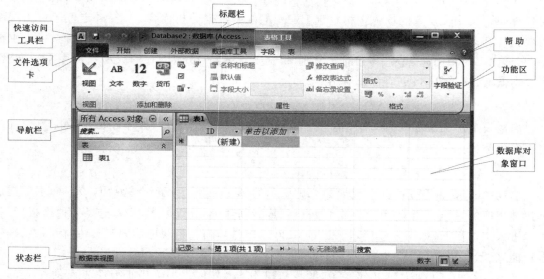

图 6.2　Access 2010 工作界面

钮组成,如"保存""打开"等。Access 2010"文件"选项卡与 Office 2010 其他组件界面"文件"
选项卡类似。

　　"开始"选项卡包括"视图""剪贴板""记录"等 7 个组,如图 6.3 所示,主要是对数据表进行
各种常用操作,如查找、筛选、文本设置等。当打开不同数据库对象时,这些组的显示可能有所

不同。

图 6.3　"开始"选项卡

"创建"选项卡包括"模板""表格""查询"等组,如图 6.4 所示。Access 数据库中的所有对象的创建是在该选项卡进行。

图 6.4　"创建"选项卡

"外部数据"选项卡包含"导入并链接""导出"等 3 个组,如图 6.5 所示。通过该选项卡,可以实现对内部外部数据交换的管理和操作。

图 6.5　"外部数据"选项卡

"数据库工具"选项卡包含"宏""关系""分析"等组,如图 6.6 所示。该选项卡是 Access 提供的一个管理数据库后台的工具。

图 6.6　"数据库工具"选项卡

（2）上下文命令选项卡

除上述的 5 个标准命令选项卡之外,与 Office 2010 其他组件界面类似,Access 2010 也采用了"上下文命令选项卡"。顾名思义,上下文命令选项卡就是可以根据上下文（进行操作的对象以及正在执行的操作）的不同,在常规命令选项卡旁会自动显示一个或多个与上下文相关的命令选项卡。例如:在表设计视图中打开或新建一个表,则在"数据库工具"选项卡后面显示一个包含"字段"及"表"的"表格工具"上下文命令选项卡,如图 6.2 所示。

（3）导航窗格

当打开数据库后,可以看到导航窗格。通过单击导航窗格上部右侧的 «或» 按钮,可以折叠或展开导航窗格。导航窗格主要实现对当前数据库的所有对象进行管理以及对相关对象

进行组织。导航窗格显示数据库中的所有对象
并按类别对它们进行分组。在导航窗格中,右击
任何对象,例如右击"Book"表,如图 6.7 所示,能
打开相应的快捷菜单,以快速执行某个操作。

　　(4)对象工作区

　　工作区是用来设计、编辑、修改、显示以及运
行 Access 数据库的表、查询、窗体、报表等对象
的区域。对 Access 中所有对象的所有操作,都
是在工作区进行,其操作结果也显示在工作区。

　　3.创建数据库

　　(1)认识数据库

　　数据库是按照某种规则组织起来的"数据"
的"集合",或者说,是以一定方式储存在一起、能
予多个用户共享、具有尽可能小的冗余度、与应
用程序彼此独立的数据集合。在 Access2010
中,这些数据集合,包括针对这些数据集合所进
行各种基本操作的对象集合,都包含在一个以
accdb 为文件后缀的文件中(在 Access 2003 以
及以前的版本其文件后缀是 mdb)。

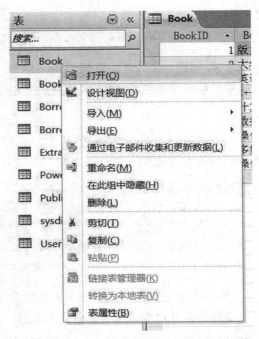

图 6.7　导航窗格快捷菜单

　　通常,数据库中的大量数据及其数据之间的关系,如果以手工方式管理,不仅效率低,而且
容易出错,因此手工方式往往难以胜任。数据库管理系统,正是为提高用户管理数据库效率而
开发的工具,它是一种管理和控制数据库中数据的系统,它提供了组织数据的方法以及处理
(增加、删除、修改、查找)数据的各种手段。

　　在数据库管理系统中,关系型数据库管理系统是应用的主流。关系型数据库以二维表的
结构来组织数据。Access 属于关系型数据库管理系统。在关系型数据库中,数据是以表为单
位进行组织的,一个数据库由一个或一组相关的数据表组成。与数据库相关的常用基本概念
包括:

　　• 数据表(Table)

　　简称表,由一组数据记录组成。一个表是一组相关的按行排列的数据,每个表中都含有相
同类型的信息。这些表是二维的,例如,图书馆的所有图书可以存放在一个表中,表中的每一
行对应一本书,这一行包括图书的书名、作者、出版日期、出版社等属性信息。

　　• 记录(Record)

　　也称为元组,表中的每一行称为一个记录,它由若干个字段组成。

　　• 字段(Field)

　　表中的每一列称为一个字段。每个字段都有相应的描述信息,如数据类型、数据宽度等。
数据表的设计实际上就是对字段的设计。创建数据表时,为每个字段分配一个数据类型,定义
它们的数据宽度和其他属性。字段可以包含各种字符、数字、图形等。

　　• 主码(Key)

　　主码(也称主键或主关键字),是表中用于唯一确定一个元组的数据。关键字用来确保表

中记录的唯一性,可以是一个字段或多个字段,常用作一个表的索引字段。每条记录的关键字都是不同的,因而可以唯一地标识一个记录,关键字也称为主关键字,或简称主键。例如,学生信息,可以用"学号"来作为主关键字。

• 索引(Index)

为了提高访问数据库的效率,可以对数据库使用索引。当数据库较大时,为了查找指定的记录,则使用索引和不使用索引的效率有很大差别。索引实际上是一种特殊类型的表,其中含有关键字段的值(由用户定义)和指向实际记录位置的指针,这些值和指针按照特定的顺序(也由用户定义)存储,从而以较快的速度查找到所需要的数据记录。

• 查询(Query)

查询是指根据给定的条件,从一个或多个表中筛选所需要的信息,以供用户查看、更改及分析使用。关系数据库中,通常通过一条 SQL(Structured Query Language,结构化查询语言)命令,从一个或多个表中获取一组指定的记录。例如:当从数据库中读取数据时,往往希望读出的数据符合某些条件,并且能按某个字段排序,使用 SQL,可以使这一操作容易实现而且更加有效。当然,SQL 命令除了筛选功能之外,还可以实现对某个表执行指定的其他操作,如数据的添加、更改、删除等。

• 视图(View)

视图是基于 SQL 语句的结果集的可视化的表,或者说,视图是由查询数据库表产生的,它看上去同表似乎一模一样,具有一组命名的字段和数据项,但它其实是一个虚拟的表,在数据库中并不实际存在。

(2)新建数据库

【任务 1】建立图书馆数据库"Library. accdb",并将建好的数据库文件保存在"D:\test1"文件夹中。

操作步骤如下:

①在"D:\"根目录建立文件夹"test1"。

②在 Access 启动窗口中,单击中间窗格的"空数据库",在右侧窗格的文件名文本框中,会给出一个默认的文件名"Database1. accdb"。把它修改为"Library",如图 6.8 所示。

③再单击右侧窗口的文件名文本框后面的█图标,在弹出的"文件新建数据库"对话框中,选择文件保存位置为"D:\test1",如图 6.9 所示,单击"确定"按钮,返回如图 6.8 所示的 access 启动界面,此时显示将要创建的数据库的名称和保存位置。

④单击右侧窗口下部"创建"按钮完成创建一个空白数据库。此时自动创建了一个名为表1 的数据表,并以数据工作表视图方式打开这个表1,如图 6.10 所示。

⑤点击"文件"选项卡的"保存"按钮完成数据库文件保存。

(3)新建表

【任务 2】在建立的"Library. accdb"数据库中,根据表 6.1 所示的图书表结构,建立一个表,命名为"Book"。

操作步骤如下:

①如果在上述"任务 1"已经打开表 1 数据工作表视图,则可以直接进行下一步操作。如果需要创建新表,可以在功能区上的"创建"选项卡的"表格"组中,单击"表"按钮,如图 6.11 所示,此时将创建名为"表 X"(X 为系统自动生成的数字)的新表,并在"数据表"视图中打开它。

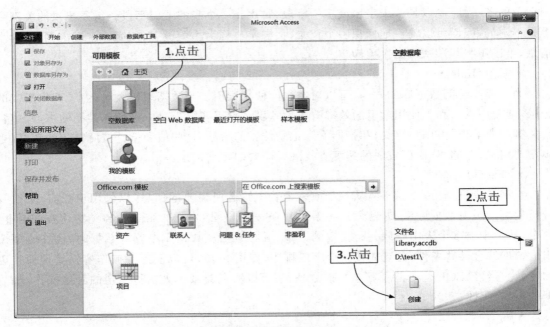

图 6.8　创建图书馆数据库"Library. accdb"

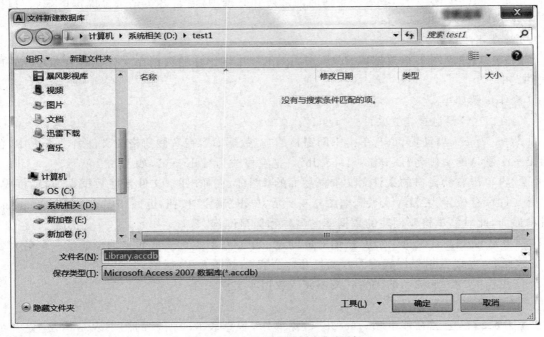

图 6.9　"文件新建数据库"对话框

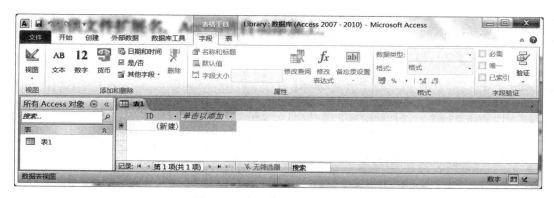

图 6.10　表 1 的数据工作表视图

表 6.1　图书表结构(Book)

字段名称	数据类型	字段含义
BookID	数字	图书编号,设为关键字
BookName	文本	书名
BookISBN	文本	图书 ISBN 号
BookAuthor	文本	作者
BookPublishDate	日期/时间	出版时间
BookSubject	文本	所属学科类别
BookPrice	货币	图书价格
BookNum	数字	图书总共数量
BookCurNum	数字	当前可借数量
BookPublish	文本	出版社名称

②选中 ID 字段列,在"表格工具"|"字段"选项卡中的"属性"组中,单击"名称和标题"按钮,如图 6.12 所示。

图 6.11　"表格组"

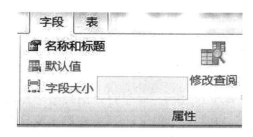

图 6.12　"属性组"

③在打开的"输入字段属性"对话框中,在"名称"文本框中,输入"BookID",从而完成"BookID"字段的添加,如图 6.13 所示。

④完成"BookName"字段添加。方法一:在"单击以添加"下面的单元格中,输入"Delphi高级编程技巧",此时 Access 自动为新字段命名为"字段 1",重复步骤③的操作,把"字段 1"的名称修改为"BookName",如图 6.14 所示;或者直接双击"字段 1",此时可以直接对"字段 1"进行修改为"BookName"。方法二:单击"单击以添加",在弹出的数据类型选项中选择"文本",

如图 6.15 所示,此时自动为新字段命名为"字段 1"并高亮度显示,在此情况下可以直接修改新字段名称为"BookName"。如果指定了字段长度,可以选中该列,在"表格工具"|"字段"选项卡中的"属性"组中,指定"字段大小"的值。

图 6.13　"输入字段属性"对话框

图 6.14　添加新字段并修改字段名

⑤重复步骤④,完成增加其他字段。

⑥在"快速访问工具栏"中,单击 ▣ 按钮,在打开的"另存为"对话框中,输入表的名称为"Book",然后单击"确定"按钮。如图 6.16 所示。

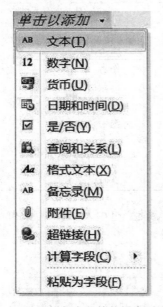

图 6.15　添加新字段的数据类型选项

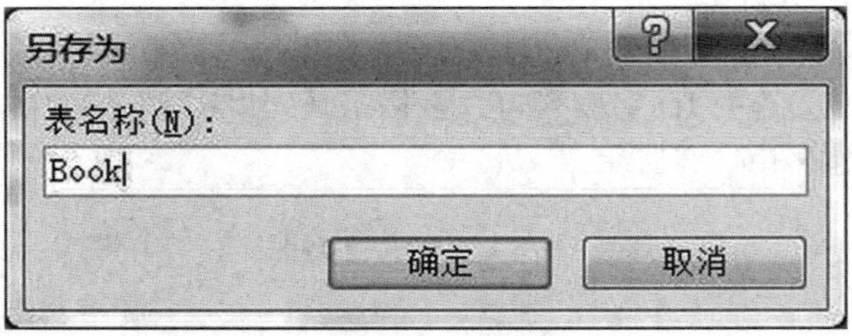

图 6.16　"另存为"对话框

⑦定义关键字(主键)。对于自动编号型字段,如"BookID",系统会默认设置其为主键。在设计视图下,如图 6.17 所示,可看到主键字段前面会有 ▮ 标识,也可以在需要指定为主键的字段前面,右击鼠标,在弹出菜单上选择"主键"以完成主键指定。

【提示】如果需要修改数据类型,以及对字段的属性进行其他设置,最好的方法是在表设计视图中进行。打开如图 6.17 所示的表的设计视图的最简单方法为,在 Access 工作窗口的右下角,单击 ⬛ 按钮。当设置完成后,需要重新保存表。当然,也可以直接在"设计视图"中创建表。

(4)为表添加数据

【任务 3】为 Book 表添加数据,数据内容如表 6.2 所示。

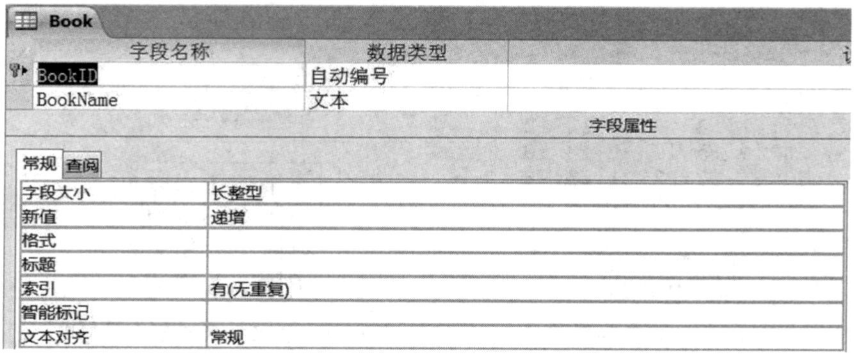

图 6.17　"设计"视图

表 6.2　图书表(Book)数据

BookID	BookName	Book_ISBN	BookAuthor	BookPub-lishDate	BookSubject	BookPrice	Book-Num	BookCur Num	BookPublish
1	Delphi 高级编程技巧	730200899X	岳庆生	2003/4/6	编程 Delphi	￥47.00	10	7	清华大学出版社
2	英语网上文摘	7800048381	董素华	2005/4/7	文摘 英语	￥5.00	10	9	清华大学出版社
3	计算机网络	7115101620	谢希仁	2003/5/1	计算机 网络	￥39.00	8	7	清华大学出版社
4	数据库系统概论	7040195835	王珊	2000/1/1	数据库 系统	￥33.80	10	10	清华大学出版社
5	多媒体应用技术基础	5084-3587-7	刘甘娜	2002/1/1	多媒体,流媒体	￥45.90	12	12	中国水利水电出版社
6	操作系统课程设计	7-111-16821-6	罗宇 褚瑞	2005/8/1	Linux 课程设计	￥21.00	20	19	机械工业出版社

操作步骤如下：

①增加新记录

增加新记录有以下 3 种方法：

· 直接将光标定位在表的最后一行。

· 单击"记录指示器" 记录: ◄ ◄ 第 1 项(共 1 项) ► ►► 上的最右侧的"新(空白记录)"按钮。

· 在"数据"选项卡的"记录"组中,单击"新记录"按钮。

②输入数据

由于字段的数据类型和属性的不同,对不同的字段输入数据时会有不同的要求。当光标定位到新记录时,在记录行的前面会显示"＊"新记录标记。通常,常用的数据类型输入如下：

· 输入文本型数据

文本型数据最大只能输入 255 个字符。通常根据字段实际需要的字符长度来指定文本字段大小,以节约数据库存储空间。

· 输入日期型数据

当光标定位到日期型数据字段时,在字段的右侧会出现一个日期选取器图标▦,单击该图标将打开"日历"控件,如图 6.18 所示,通过该控件可以进行日期的选取。

· 输入查阅数据

当把某个字段设置为查阅型后,在数据视图表中当光标定位到这个字段,会在字段右侧出现下拉箭头,单击下拉箭头则打开一个列表,用鼠标选择列表某一项后,就可以自动填入该选定项,如图 6.19 所示。

图 6.18　"日历"控件　　　　　　　图 6.19　查阅和关系型字段列表

在工作表视图中，单击"单击以添加"，在弹出的数据类型选项中选择"查阅和关系"，将弹出"查阅向导"对话框，如图 6.20，用于自行键入所需的值或者从其他表或查询中获取值；选定"自行键入所需的值"，点击"下一步"将弹出如图 6.21 所示的对话框，在其中可以输入查阅字段的值；在图 6.22 所示对话框中，可以为查阅字段指定标签。

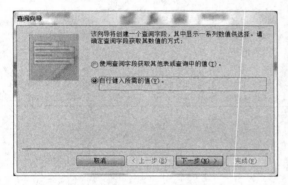

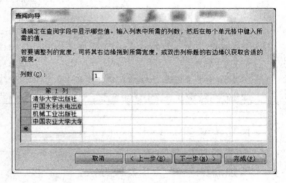

图 6.20　"查阅向导"对话框 1　　　　　　　　图 6.21　"查阅向导"对话框 2

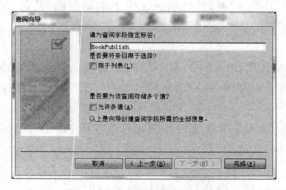

图 6.22　"查阅向导"对话框 3

实验二　查询操作

一、实验目的

1. 掌握 Access 2010 查询的基本概念；
2. 熟悉使用向导创建选择查询的方法；
3. 掌握使用查询设计视图创建简单查询的方法；
4. 了解 SQL 的 Select 查询语句基本语法；
5. 掌握使用 SQL 视图创建简单 SQL 查询的方法。

二、实验内容

1. 认识查询

查询是 Access 数据库的一个重要对象，通过查询操作，筛选出符合条件的记录，构成一个新的数据集合。有别于简单的数据搜索及查找，查询具有更复杂的条件设置以及对查询结果作更进一步分析及统计的功能。Access 查询操作除数据检索及执行计算外，还可以实现添加、更改或删除表中数据等功能。具体而言，查询可以实现以下功能：

- 数据的查看、检索和分析。
- 数据的添加、更改和删除。
- 对记录进行筛选、排序、汇总和计算。
- 用来作为报表和窗体的数据源。
- 对一个和多个表中筛选的数据进行连接。

在 Access 中，可以把查询分为 5 类，分别是选择查询、参数查询、交叉表查询、操作查询和 SQL 查询。

（1）选择查询

选择查询是根据指定的查询条件，从一个或多个表中获取数据并显示查询结果。选择查询可以对记录进行分组以及求和、计数、求平均值等计算。选择查询是最常用、最基本的查询操作。

（2）参数查询

参数查询是一种交互式的查询，它根据对话框提示用户输入的查询条件来完成记录的检索。将参数查询作为窗体和报表的数据源，可以方便实现显示和打印所需要的信息。

（3）交叉表查询

交叉表查询可以使用求和、计数、求平均值等这类计算并重新组织数据的结构。

（4）操作查询

操作查询用于添加、更改或删除数据。包括四种基本操作：追加、更新、删除和生成表。追加查询可以将一个或多个表中的一组记录追加到一个或多个表的末尾；更新查询可以对一个或多个表中的一组记录一次性全部更改；删除查询可以从一个或多个表中删除一组记录；生成表查询可以利用一个或多个表中的全部或部分数据创建一个新表。

（5）SQL 查询

即利用 SQL 语句来创建查询。通常，上述查询都可以利用 SQL 语句来实现，并且一些复杂的、难以用查询设计视图创建的查询操作，也都可以利用 SQL 语句来实现。SQL 语言实质是一种特殊目的的编程语言，是一种数据库查询和程序设计语言，用于存取数据以及查询、更新和管理关系型数据库系统。在数据库查询操作中，SQL 查询语句的需求是最频繁的。

2. 使用向导创建选择查询

Access 中创建选择查询最简单的两种方法包括使用查询向导和在设计视图中创建查询。使用简单查询向导可以依据单个表创建查询，也可以根据多个表创建查询。

【任务 1】在所创建的 Library 数据库的 Book 表中，利用查询向导，查询图书名称、作者及出版社信息。

操作步骤如下：

①打开"Library"数据库，打开"Book"表。在"创建"选项卡上的"查询"组中，单击查询向导图标 命令。

②在打开的"新建查询"对话框中，选中"简单查询向导"，然后单击"确定"，如图 6.23 所示。

③在打开的"请确定查询中使用哪些字段"对话框中，在"表/查询"列表框中，选中要使用的"表：Book"，如图 6.24 所示。

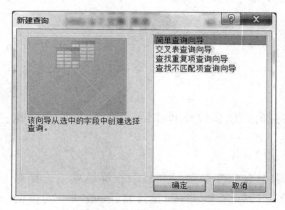

图 6.23 "新建查询"对话框

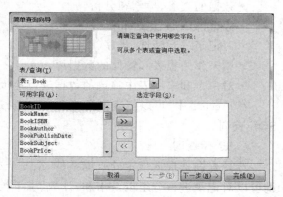

图 6.24 "请确定查询中使用哪些字段"对话框

④在"可用字段"窗格中，选中"BookName"，单击 按钮，把选中的字段发送到右边"选定字段"窗格中。按同样的方法，依次选择并发送字段"BookAuthor""BookPublish"。单击"下一步"按钮。

⑤在打开的"请为查询指定标题"对话框中，使用默认的标题，或者自行输入标题。使用默认设置"打开查询查看信息"，单击"完成"，如图 6.25 所示。在关闭查询向导对话框后，打开查询的数据表视图就可以看到查询结果，如图 6.26 所示。

3. 使用查询设计视图

查询设计视图是创建、编辑和修改查询的基本工具。虽然查询向导可用快速地创建查询，但是对于创建指定条件的查询、创建参数查询和创建复杂的查询，查询向导就难以完全胜任。而使用查询设计视图就更为灵活且功能更为强大。

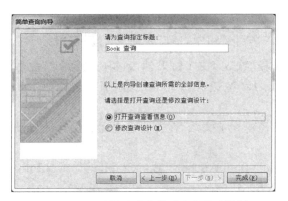

图 6.25　“请为查询指定标题”对话框

BookName	BookAuthor	BookPublish
Delphi高级编程技巧	岳庆生	清华大学出版社
英语网上文摘	董素华	清华大学出版社
计算机网络	谢希仁	清华大学出版社
数据库系统概论	王珊	清华大学出版社
多媒体应用技术基础	刘甘娜	中国水利水电出版社
操作系统课程设计	罗宇 褚瑞	机械工业出版社

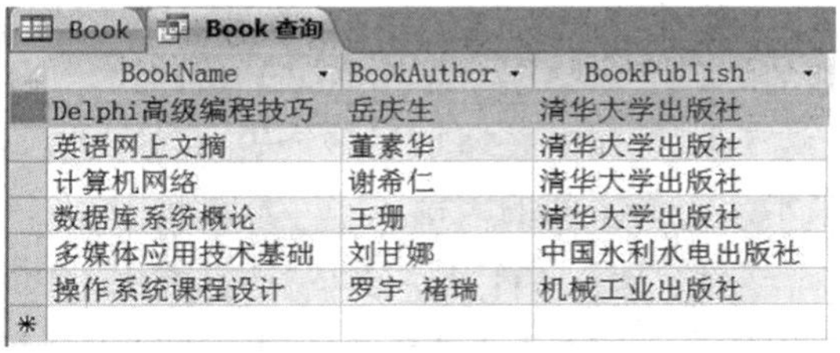

图 6.26　查询结果

查询设计视图主要由两部分构成，上半部分为对象窗格，下半部分为查询设计窗格，如图 6.27 所示。

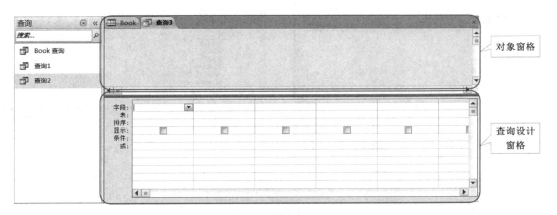

图 6.27　查询设计视图

对象窗格中，放置查询所需要的数据源表及查询。查询设计窗格由包括“字段”“表”“排序”“显示”“条件”“或”以及若干空行组成。其中：

• 字段：放置查询需要的字段和用户自定义的计算字段。

• 表：放置字段行的字段来源表或查询。

• 排序：对查询结果进行排序，有“降序”“升序”“不排序”三种选择。在记录很多情况下，对某一列数据进行排序能方便数据的查询。

• 显示：决定字段是否在查询结果中显示。在各个列中，默认情况下复选框已经勾选，则所有字段都能显示出来，如果不想显示某字段，但又需要它参与运算，则取消勾选复选框。

• 条件：放置所指定的查询条件。

• 或：放置逻辑上存在“或”关系的查询条件。

• 空行：用于放置更多的查询条件。

【任务 2】在 Library 数据库的 Book 表中，利用查询设计视图，查询“清华大学出版社”出版的所有图书信息，显示字段包括：“BookName”“BookAuthor”“BookPublish”以及“BookPublishDate”。将查询保存为“查询 1”。

操作步骤如下：

①打开"Library"数据库。在"创建"选项卡上的"查询"组中，单击查询设计 ▦ 命令。

②在"显示表"对话框中，如图 6.28 所示，选择"Book"表（如果涉及多个表，可以按住"Ctrl"键不放，依次选中所需要的表）。然后单击"添加"按钮，把"Book"表添加到设计网格上部的"对象"窗格中。单击"关闭"按钮。

【注意】如果是添加了多个表，且这些表之间已经建立了关系，在这些表之间会用连线自动显示出它们之间的关系。

③在"Book"表中，按住 Ctrl 键选中"BookName""BookAuthor""BookPublish""BookPublishDate"字段，然后拖到设计网格下部的"查询设计窗格"中。

④在下部的"查询设计窗格"的"BookPublish"列的"条件"行的单元格中，输入条件"＝"清华大学出版社""，如图 6.29 所示。

图 6.28 查询设计视图"显示表"对话框

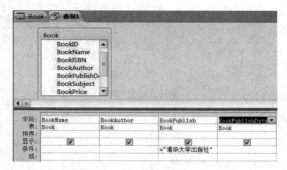

图 6.29 添加表、字段、输入条件后的设计视图

⑤在"设计"选项卡的"结果"组中，单击 ▦ 或 ! 按钮，打开"查询视图"，显示查询结果，如图 6.30 所示。

BookName	▾	BookAuthor	▾	BookPublish	▾	BookPublishDate	▾
Delphi高级编程技巧		岳庆生		清华大学出版社		2003/4/6	
英语网上文摘		董素华		清华大学出版社		2005/4/7	
计算机网络		谢希仁		清华大学出版社		2003/5/1	
数据库系统概论		王珊		清华大学出版社		2000/1/1	

图 6.30 查询结果

⑥在快捷工具栏上，单击"保存"按钮，打开"另存为"对话框，查询名称保持默认的"查询1"，单击"确定"按钮完成查询的保存。

4. 使用 SQL 的 Select 语句进行查询

使用 SQL 时，必须使用正确的语法。若要使用 SQL 查询一组数据，可以编写 Select 语句。Select 语句包含用户想要从数据库中获取的数据集的完整说明，其中包括：

• 哪些表包含要查询的数据。

• 如何关联来自不同数据源的数据。

- 计算哪个或哪些字段以生成数据。
- 数据必须匹配要包含的条件。
- 是否以及如何对结果进行排序。

一个完整的 SQL 语句通常由多个 SQL 子句组成。表 6.3 列出了最常见的 SQL 子句。

【注意】表 6.3 所述的聚合函数是一种综合信息的统计函数,包括计数、求最大值、求最小值、求平均值、求和等。在 SQL 查询语句中,如果有 GROUP BY 分组子句,则语句中的函数为分组统计函数;如果没有 GROUP BY 分组子句,则语句中的函数为全部结果集的统计函数。

表 6.3　SQL 子句

SQL 子句	执行的计算	是否必需
SELECT	列出含有关注的数据的字段	是
FROM	列出的表中含有 SELECT 子句中列出的字段	是
WHERE	指定要包括在结果内的每条记录必须符合的字段条件	否
ORDER BY	指定怎样对结果进行排序	否
GROUP BY	在包含聚合函数的 SQL 语句中,列出未在 SELECT 子句中汇总的字段	仅在存在这类字段时是必需的
HAVING	在包含聚合函数的 SQL 语句中,指定应用于在 SELECT 语句中汇总的字段的条件	否

一个典型的 SQL 查询语句格式,遵从 SELECT-FROM-WHERE 形式。Select 其完整语法为:

SELECT[ALL|DISTINCT][TOP<n>[PERCENT]]<目标列表达式> AS[别名][,<目标列表达式> AS[别名]]……

[INTO <新表名>]

FROM <表名或视图名>[别名][,<表名或视图名>[别名]]……

[WHERE <条件表达式>]

[GROUP BY <列名 1>[,<列名 2,>]……[HAVING <条件表达式>]]

[ORDER BY (<列名 1>[ASC |DESC][,<列名 2>][ASC |DESC]……]]

其中:

SELECT 子句指出查询的目标属性列;

FROM 子句指定查询所涉及的基本表或视图;

WHERE 子句指出查询的逻辑条件。

SELECT 语句的基本语义是:将 FROM 子句指定的基本表或视图做笛卡尔积(一种集合运算),再根据 WHERE 子句的条件表达式,从中找出满足条件的元组;然后根据 SELECT 子句中的目标列表达式形成结果记录集。

GROUP 子句的作用是:将元组按后面所跟的"列名 1"的值进行分组,属性列中将值相等的元组分成一个组,每个组在结果表中产生一个记录,通常会在每组中使用聚集函数。如果 GROUP 子句带有 HAVING 子句,则表示只有满足 HAVING 子句指定条件的元组才能在结果表中输出。

ORDER BY 子句将查询结果按指定＜列名＞的值以升序(ASC)或降序(DESC)的排列次序输出。

【注意】上述＜　＞表示 SQL 语句中必须定义的部分,[]表示 SQL 语句中可选择的部分,"|"表示在所列出的关键字中只能选其一。

(1)SELECT 子句

SELECT 子句非常灵活,由目标表达式和条件表达式的多种不同形式,以及 SELECT 子句的组合,SQL 语句可以提供包括单表查询、连接查询及嵌套查询等多种数据查询方式。

其中,最简单的是单表查询。单表查询是只涉及一个表的查询。

在 SELECT 后面可以:

• 只指定输出某些列时,可以只查询表中的指定列。

• 若查询所有列,可以使用"＊"表示。

• 用户还可以通过别名来改变查询结果的列标题。

• 若 SELECT 后面跟带列名的算术表达式,可以查询经过计算之后的值,例如 Year(BookPublishDate) as PublishYear,表示对出版日期 BookPublishDate 取年份作为新列,新列名称为"PublishYear"。

(2)WHERE 子句

在 WHERE 子句中,可以用给定的条件表达式来表示结果元组必须满足的条件。

【任务 3】在 Library 数据库的 Book 表中,利用 SQL 查询视图,查询"清华大学出版社"出版所有图书信息,显示字段包括:"BookName""BookAuthor""BookPublish"以及出版日期的年份,该"年份"新字段命名为"PublishYear"。将查询保存为"查询 2"。

操作步骤如下:

①在"创建"选项卡上的"查询"组中,单击查询设计 命令,打开"Library"数据库。

②在"显示表"对话框中,选择"Book"表,然后单击"添加"按钮,把"Book"表添加到设计网格上部的"对象"窗格中。单击"关闭"按钮。

③在"设计"选项卡的"结果"组中,单击视图 按钮下面的小箭头,选择"SQL 视图",如图 6.31 所示,打开"SQL 视图"。或者直接点击右下角的 按钮,打开"SQL 视图"。

④在打开的 SQL 视图上,可以看到系统默认填写了 SQL 语句的 SELECT 子句和 FROM 子句:"SELECT FROM Book;",如图 6.32 所示。

⑤在图 6.32 所示的"SELECT"子句后面,输入:"BookName,BookAuthor,BookPublish,Year(BookPublishDate) as PublishYear";将光标放入"FROM Book"和结尾";"之间,敲击键盘回车键,在新行上输入"Where BookPublish="清华大学出版社""。最后结果如图 6.33 所示。其中,Year()函数为 SQL 内置函数,表示取日期年份。SQL 支持很多内置函数,详细函数可以查询帮助文件。前文已提及,"Year(BookPublishDate) as PublishYear"表示对 BookPublishDate 取年份作为新列,新列名称为"PublishYear"。

【注意】

• SQL 语句并不区分大小写。但通常为保持规范,系统保留字、内置函数名、SQL 保留字大写。

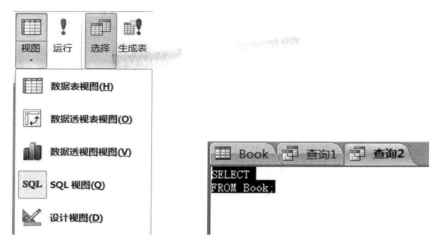

图 6.31　打开"SQL 视图"命令　　　　　图 6.32　SQL 视图的默认 SQL 子句

图 6.33　完整的 Select 查询语句

• SQL 语句书写时候,所有符号都是西文符号。

• 在 Access 的 SQL 视图中,SQL 语句输入通常并没有严格要求分行,但为保持句子易读性,可以每个子句占一行或多行。完整的 SQL 语句是以分号";"结束。

⑥在"设计"选项卡的"结果"组中,单击 或 按钮,打开"查询视图",显示查询结果,如图 6.34 所示;

图 6.34　"查询 2"结果

⑦在快捷工具栏上,单击"保存"按钮,打开"另存为"对话框,查询名称保持默认的"查询 2",单击"确定"按钮以完成查询的保存。

第二部分　测试篇

测试题一　计算机基础知识

一、单项选择题

1. 计算机辅助设计的英文缩写是(　　)。
A. CAE
B. CAD
C. CAM
D. CAI

2. 在计算机中,通常用主频来描述(　　)。
A. 计算机的可靠性
B. 计算机的可扩充性
C. 计算机的运算速度
D. 计算机的可运行性

3. 计算机的软件系统可分为(　　)。
A. 操作系统和语言处理系统
B. 程序、数据和文档
C. 系统软件和应用软件
D. 程序和数据

4. 计算机中对数据进行加工和处理的部件,通常称为(　　)。
A. 存储器
B. 运算器
C. 控制器
D. 显示器

5. 显示器显示图像的清晰程度,主要取决于其性能指标中(　　)的高低。
A. 对比度
B. 尺寸
C. 分辨率
D. 亮度

6. 计算机对下列几种存储器,访问速度最快的是(　　)。
A. U 盘
B. CD-ROM
C. 硬盘
D. RAM

7. 微型计算机的主机包括(　　)。
A. CPU 和输入输出设备
B. CPU 和运算器
C. CPU 和控制器
D. CPU 和内存储器

8. 断电后会导致数据丢失的存储器是(　　)。
A. 硬盘
B. U 盘
C. RAM
D. ROM

9. 目前普遍使用的微型计算机,所采用的逻辑元件是(　　)。
A. 大规模和超大规模集成电路
B. 晶体管
C. 电子管
D. 小规模集成电路

10. 下列软件中,(　　)一定是系统软件。
A. WINDOWS 操作系统
B. 用汇编语言编写的一个练习程序
C. 自编的一个 C 程序,功能是求解一个一元二次方程
D. 存储有计算机基本输入输出系统的 ROM 芯片

11. 以下属于输出设备的是(　　)。
A. 扫描仪
B. 绘图仪
C. 光笔
D. 键盘

12. 下列各组设备中,完全属于外部设备的一组是(　　)。
A. 内存和打印机
B. CPU 和 RAM
C. CPU 和键盘
D. 硬盘和键盘

13. 一个完整的计算机系统应该包括(　　)。

A. 主机和其他外部设备　　　　　　　　　　B. 系统软件和应用软件

C. 硬件系统和软件系统　　　　　　　　　　D. 主机、键盘和显示器

14. Office 是（　　　）。

A. 系统软件　　　　B. 工具软件　　　　C. 应用软件　　　　D. 管理软件

15. 某高校的校园一卡通管理软件属于（　　　）。

A. 工具软件　　　　B. 字处理软件　　　　C. 系统软件　　　　D. 应用软件

16. 下列各组设备中,全部属于输入设备的一组是（　　　）。

A. 键盘、磁盘和打印机　　　　　　　　　　B. 键盘、鼠标和显示器

C. 键盘、扫描仪和鼠标　　　　　　　　　　D. 硬盘、打印机和键盘

17. 微型计算机的外（辅）存储器是指（　　　）。

A. 硬盘　　　　B. RAM　　　　C. 虚盘　　　　D. ROM

18. WPS、Word 等文字处理软件属于（　　　）。

A. 网络软件　　　　B. 系统软件　　　　C. 应用软件　　　　D. 管理软件

19. 微型计算机的硬件系统中的最核心的部件是（　　　）。

A. CPU　　　　B. I/O 设备　　　　C. 内存储器　　　　D. 主板

20. 所谓"裸机"是指（　　　）。

A. 只有硬件,没有安装任何软件系统的计算机　B. 没有电源的计算机

C. 主机没装机箱的计算机　　　　　　　　　D. 只装操作系统的计算机

21. 微机系统中,常用 CD-ROM 作为外部存储器,CD-ROM 是指（　　　）。

A. 可擦写光盘　　　　B. U 盘　　　　C. 只读光盘　　　　D. 移动硬盘

22. 微型计算机中,控制器的基本功能是（　　　）。

A. 存储各种控制信息　　　　　　　　　　　B. 进行算术和逻辑运算

C. 保持各种控制状态　　　　　　　　　　　D. 控制计算机各部件协调一致地工作

23. 一条计算机指令中,通常包含（　　　）。

A. 运算符和数据　　　　　　　　　　　　　B. 数据和字符

C. 操作码和操作数　　　　　　　　　　　　D. 被运算数和结果

24. 关于存储器的叙述中正确的是（　　　）。

A. CPU 只能访问存储在内存中的数据,不能直接访问存储在外存中的数据

B. CPU 既不能直接访问存储在内存中的数据,也不能直接访问存储在外存中的数据

C. CPU 既能直接访问存储在内存中的数据,也能直接访问存储在外存中的数据

D. CPU 不能直接访问存储在内存中的数据,能直接访问存储在外存中的数据

25. 运算器的主要功能是（　　　）。

A. 逻辑运算　　　　　　　　　　　　　　　B. 函数运算

C. 算术运算　　　　　　　　　　　　　　　D. 算术运算和逻辑运算

26. 在微机中,对基本输入输出设备进行管理的程序是放在（　　　）。

A. BIOS　　　　B. ROM　　　　C. 硬盘　　　　D. RAM

27. 微型计算机中,内存比外存（　　　）。

A. 读写速度快　　　　B. 运算速度慢　　　　C. 存储容量大　　　　D. 价格便宜

28. 外部设备必须通过（　　　）与主机相连。

A. CPU   B. 存储器   C. 电缆   D. 接口

29. 下列存储器中存取速度最快的是(   )。

A. U 盘   B. 光盘   C. 内存   D. 硬盘

30. 计算机最主要的工作原理是(   )。

A. 可靠性与可用性   B. 高速度与高精度

C. 有记忆能力   D. 存储和程序控制

31. 下列叙述中,正确的是(   )。

A. 存储在任何存储器中的信息,断电后都不会丢失

B. 操作系统是只对硬盘进行管理的程序

C. 硬盘装在主机箱内,因此硬盘属于内存

D. 硬盘驱动器属于外存

32. 以下不能用来存储多媒体信息的是(   )。

A. 光缆   B. 光盘   C. 硬盘   D. U 盘

33. 下列二进制运算中,结果正确的是(   )。

A. 1 * 1＝0   B. 1＋1＝10   C. 1＋0＝0   D. 1 * 0＝1

34. 下列数据中,有可能是八进制数的是(   )。

A. 189   B. 317   C. 488   D. 597

35. 计算机存储器中,一个字节由(   )位二进制位组成。

A. 8   B. 32   C. 4   D. 16

36. 微型计算机,其 CPU 进行算术运算和逻辑运算时,可以处理的二进制数据长度是(   )。

A. 16 位   B. 其他三种都可以   C. 64 位   D. 32 位

37. 8 位无符号二进制能表示的最大十进制整数是(   )。

A. 255   B. 128   C. 254   D. 256

38. 已知大写字母"A"的 ASCII 码值十进制表示为 65,那么 ASCII 码值为十进制数 68 的字母是(   )。

A. C   B. D   C. E   D. B

39. 存储容量 1GB 等于(   )。

A. 1 024 MB   B. 1 024 B   C. 1 024 KB   D. 1 000 MB

40. 若在一个非零无符号二进制整数的右边加两个零形成一个新的数,则新数的值是原数值(   )。

A. 二分之一   B. 二倍   C. 四倍   D. 四分之一

41. 与十六进制数(BC)等值的二进制数是(   )。

A. 10111011   B. 10111100   C. 11001011   D. 11001100

42. 十进制数 15 对应的二进制数是(   )。

A. 1110   B. 1100   C. 1111   D. 1010

43. KB(千字节)是度量存储器容量大小的常用单位之一,这里的 1 KB 等于(   )。

A. 1 000 字节   B. 1 024 字节   C. 1 024 位   D. 1 000 位

44. 下列等式中,正确的是(   )。

A. 1 KB＝1 024 * 1 024 B   B. 1 MB＝1 024 * 1 024 B

C. 1 MB＝1 024 B
D. 1 KB＝1 000 B

45. ROM 是（　　）。

A. 只读存储器
B. 随机存储器

C. 顺序存储器
D. 高速缓冲存储器

46. 在计算机中，通常用英文单词"Byte"来表示（　　）。

A. 字节
B. 字
C. 字长
D. 二进制位

47. 如果一个存储单元能存放一个字节，那么一个 32 KB 的存储器共有（　　）个存储单元。

A. 32 767
B. 32 768
C. 32 000
D. 65 536

48. 五笔字型输入法属于（　　）。

A. 音码输入法
B. 音形结合输入法
C. 联想输入法
D. 形码输入法

49. 计算机中，目前最普遍适用的汉字字符编码是（　　）。

A. BIG5 编码
B. ASCII 编码
C. GBK 编码
D. GB-2312 编码

50. 计算机中，应用最普遍的字符编码是（　　）。

A. BCD 码
B. ASCII 码
C. 汉字编码
D. 补码

51. 计算机的所有程序和数据都是以（　　）形式存储。

A. 区位码
B. 二进制编码
C. 汉字码
D. 条形码

52. 用户和计算机硬件系统的接口是（　　）。

A. 键盘
B. 鼠标
C. 操作系统
D. 显示器

53. 以下不属于计算机硬件的是（　　）。

A. Windows 7
B. RAM
C. 键盘
D. 硬盘

54. CPU 通过执行（　　）来完成一步基本运算或判断。

A. 指令
B. 程序
C. 语句
D. 软件

55. 在 Win 7 中，将光盘放入光驱中，光盘能自动运行，是因为光盘上有文件（　　）。

A. Autorun. inf
B. Autoexe. bat
C. Setup. exe
D. Config. sys

56. 微型计算机中常提及的 Pentium 或 Celeron 是指其（　　）。

A. 主板型号
B. 运算速度
C. CPU 类型
D. 时钟频率

57. PC 机属于（　　）。

A. 小型计算机
B. 巨型计算机
C. 中型计算机
D. 微型计算机

58. CPU 主要由运算器和（　　）组成。

A. 存储器
B. 编辑器
C. 寄存器
D. 控制器

二、单项选择题参考答案

1	2	3	4	5	6	7	8	9	10	11	12	13	14	15	16	17	18	19	20
B	C	C	B	C	D	D	C	A	A	B	D	C	C	D	C	A	C	A	A
21	22	23	24	25	26	27	28	29	30	31	32	33	34	35	36	37	38	39	40
C	D	C	A	D	A	A	D	C	D	D	A	B	B	B	A	B	A	B	C
41	42	43	44	45	46	47	48	49	50	51	52	53	54	55	56	57	58		
B	C	B	B	A	A	B	D	D	D	B	C	A	A	A	C	D	D		

测试题二　Windows 操作系统

一、单项选择题

1. 在 Windows 7 中,下列关于"任务栏"的叙述,哪一种是错误的(　　)。
A. 通过任务栏上的按钮,可实现窗口之间的切换
B. 任务栏可以移动
C. 在任务栏上,只显示当前活动窗口名
D. 可以将任务栏设置为自动隐藏

2. 操作系统的五大功能为(　　)。
A. 处理器管理、存储器管理、设备管理、文件管理、作业管理
B. 运算器管理、控制器管理、打印机管理、磁盘管理、分时管理
C. 硬盘管理、软盘管理、存储器管理、文件管理、批处理管理
D. 程序管理、文件管理、编译管理、设备管理、用户管理

3. 在 Windows 中,下列说法不正确的是(　　)。
A. 应用程序窗口关闭后,其对应的程序结束运行
B. 一个应用程序窗口可包含多个文档窗口
C. 一个应用程序窗口与多个应用程序相对应
D. 应用程序窗口最小化后,其对应的程序仍占用系统资源

4. Windows 7 中,若要将当前整个屏幕存入剪贴板中,可以按(　　)。
A. PrintScreen 键
B. Ctrl＋PrintScreen 键
C. Shift＋PrintScreen 键
D. Alt＋PrintScreen 键

5. Windows 系统中,剪贴板是指(　　)。
A. 内存中的临时存储区域
B. 硬盘中的临时存储区域
C. 外存中的临时存储区域
D. 屏幕中的临时存储区域

6. Windows 系统中,桌面的快捷方式可以是(　　)。
A. 打印机
B. 文档文件
C. 以上三种都可以
D. 应用程序

7. Windows 系统中,U 盘上被删除的文件(　　)。
A. 是否能还原要看运气
B. 可以用"回收站"还原
C. 无法还原
D. 一定能用"回收站"还原

8. 关于剪贴板,下面说法正确的是(　　)。
A. Windows 的剪贴板不能存储 DOS 环境下复制或剪切的内容
B. Windows 的剪贴板是内存中的一个临时存储区,可以存储文字或图像、文件或文件夹等信息
C. Windows 的剪贴板是 Windows 自带的一个应用程序,可以进行图像的处理
D. Windows 的剪贴板中的内容仅可以粘贴一次

9. 下列程序不属于附件的是(　　)。
A. 网上邻居
B. 计算器
C. 画笔
D. 记事本

10. 在 Windows 7 中,剪贴板是程序和文件间用来传递信息的临时存储区,此存储区是(　　)。

A. 软盘的一部分　　　　　　　　　B. 硬盘的一部分

C. 回收站的一部分　　　　　　　　D. 内存的一部分

11. Windows 7 中,不能运行应用程序的方法是(　　)。

A. 双击应用程序快捷方式

B. 右击应用程序图标,然后按 Enter 键

C. 右击应用程序图标,在弹出的快捷菜单中选"打开"命令

D. 双击应用程序图标

12. Windows 缺省状态下进行输入法切换,应先(　　)。

A. 单击任务栏右侧的"语言指示器"

B. 在任务栏空白处单击鼠标右键打开快捷菜单,选"输入法切换"命令

C. 按 Ctrl+Shift 键

D. 在控制面板中双击"输入法"

13. 在 Windows 中,若在某一文档中连续进行了多次剪切操作,当关闭该文档后,"剪贴板"中存放的是(　　)。

A. 所有剪切过的内容　　　　　　　B. 最后一次剪切的内容

C. 第一次剪切的内容　　　　　　　D. 空白

14. (　　)是控制和管理计算机硬件和软件资源、合理地组织计算机工作流程、方便用户使用计算机的程序集合。

A. 应用程序　　　　B. 操作系统　　　　C. 监视程序　　　　D. 编译程序

15. 关于"回收站"叙述正确的是(　　)。

A. "回收站"的内容不可以还原

B. 清空"回收站"后,仍可用命令方式还原

C. 暂存所有被删除的对象

D. "回收站"的内容不占用硬盘空间

16. 下面哪一组均是系统软件(　　)。

A. Windows 和 Word　　　　　　　B. WPS 和 UNIX

C. DOS 和 Windows　　　　　　　D. DOS 和 MIS

17. 下面有关计算机操作系统的叙述中,错误的是(　　)。

A. 操作系统只负责管理内存储器,而不管理外存储器

B. 操作系统属于系统软件

C. 计算机的处理器、内存等硬件资源也由操作系统管理

D. Windows 是一种操作系统

18. Windows 7 中,通过拖动鼠标执行复制操作时,鼠标指针的箭头尾部(　　)。

A. 带有"%"号　　　B. 带有"+"号　　　C. 带有"!"号　　　D. 不带任何符号

19. 如果需要选定多个非连续排列的文件,应按组合键(　　)。

A. Alt+单击要选定的文件对象

B. Shift+单击要选定的文件对象

C. Ctrl＋双击要选定的文件对象

D. Ctrl＋单击要选定的文件对象

20. 后面跟有省略号(…)的菜单项,表示系统在执行菜单命令时,用户需要通过( )进行设置。

A. 窗口　　　　　　　B. 文件　　　　　　　C. 控制面板　　　　　D. 对话框

21. Windows 可以同时运行多个程序,当多个程序被同时运行时,则屏幕上显示的活动窗口是( )。

A. 最后一个窗口　　　　　　　　　　　B. 多个窗口

C. 最初一个窗口　　　　　　　　　　　D. 系统的当前窗口

22. Windows 7 中,若要将当前(活动)窗口存入剪贴板中,可以按( )。

A. PrintScreen 键　　　　　　　　　　B. Ctrl＋PrintScreen 键

C. Shift＋PrintScreen 键　　　　　　　D. Alt＋PrintScreen 键

23. Windows"任务栏"上的内容是( )。

A. 所有已打开的窗口的图标　　　　　　B. 当前窗口的图标

C. 已经打开的文件名　　　　　　　　　D. 已启动并正在执行的程序名

24. 下列关于 Windows 7 窗口的叙述中,错误的是( )。

A. 窗口是应用程序运行后的工作区

B. 窗口的位置和大小都改变

C. 窗口的位置可以移动,但大小不能改变

D. 同时打开的多个窗口可以重叠排列

25. 在 Windows 7 中,单击( )按钮可以使窗口缩小成图标,位于任务栏内。

A. 最小化　　　　　　B. 最大化　　　　　　C. 还原　　　　　　　D. 关闭

26. 双击 Windows 7 桌面上的快捷图标,可以( )。

A. 在磁盘上保存该应用程序　　　　　　B. 弹出对应的命令菜单

C. 打开相应的应用程序窗口　　　　　　D. 删除该应用程序

27. 成功启动 Windows 7 后,整个显示屏幕称为( )。

A. 工作台　　　　　　B. 桌面　　　　　　　C. 操作台　　　　　　D. 窗口

28. 在 Windows 7 默认环境中,用于中英文输入方式切换的组合键是( )。

A. Alt＋空格　　　　　B. Shift＋空格　　　　C. Ctrl＋空格　　　　D. Alt＋Tab

29. Windows 7 中,回收站实际上是( )。

A. 文件的快捷方式　　　　　　　　　　B. 内存区域

C. 文档　　　　　　　　　　　　　　　D. 硬盘上的文件夹

30. 双击桌面上"计算机"图标,不属于"计算机"的内容为( )。

A. 库　　　　　　　　B. 控制面板　　　　　C. 驱动器　　　　　　D. 打印机

31. 删除 Windows 7 桌面上某个应用程序的快捷方式图标,意味着( )。

A. 该应用程序连同其图标一起被隐藏

B. 该应用程序连同其图标一起被删除

C. 只删除了该应用程序,对应的图标被隐藏

D. 只删除了图标,对应的应用程序被保留

32. Windows 7 中,文件名不能包括的符号是(　　)。

A. ! B. —— C. # D. ＞

33. Windows 中,若要选定当前文件夹中的全部文件和文件夹,可使用的组合键是(　　)。

A. Ctrl＋V B. Ctrl＋D C. Ctrl＋A D. Ctrl＋X

34. 文件夹中不可存放(　　)。

A. 文件夹 B. 字符 C. 多个文件 D. 一个文件

35. Windows 7 中,对文件和文件夹的管理是通过(　　)来实现的。

A. 对话框 B. 控制面板

C. 剪切板 D. 计算机或资源管理器

36. Windows 7 中,文件夹名不能是(　　)。

A. 12＄－3＄ B. 12＊3! C. 1＆2＝0 D. 12％＋3％

37. 关于文件的含义,下面表述正确的是(　　)。

A. 记录在磁盘上的一组相关程序的集合

B. 记录在磁盘上的一组相关命令的集合

C. 记录在外存上的一组相关信息的集合

D. 记录在内存上的一组相关数据的集合

38. 目前最常用的计算机机箱类型为(　　)。

A. ATX B. AT C. 微型机箱 D. BTX

39. Windows 7 中,下列关于"回收站"的叙述中,正确的是(　　)。

A. 用 Shift＋Delete 键从硬盘上删除的文件可使用"回收站"恢复

B. 无论从硬盘还是 U 盘上删除的文件都可以用"回收站"恢复

C. 用 Delete 键从硬盘上删除的文件可使用"回收站"恢复

D. 无论从硬盘还是从 U 盘上删除的文件都不能用"回收站"恢复

40. 在 Windows 7 中,为保护文件不被修改,可将它的属性设置为(　　)。

A. 系统 B. 存档 C. 隐藏 D. 只读

41. 在 Windows 中进行文件管理,由于各级文件夹之间有包含关系,使得所有文件夹构成(　　)目录结构。

A. 环状 B. 树状 C. 星状 D. 网状

42. 以下是压缩文件的是(　　)。

A. ＊.ZIP B. ＊.ARA C. ＊.JPG D. ＊.AVI

43. Windows 7 中,"磁盘碎片整理程序"的主要作用是(　　)。

A. 扩大磁盘空间 B. 缩小磁盘空间

C. 修复损坏的磁盘 D. 提高文件访问速度

二、单项选择题参考答案

1	2	3	4	5	6	7	8	9	10	11	12	13	14	15	16	17	18	19	20	21	22
C	A	C	A	A	C	C	B	A	D	B	C	B	B	C	C	A	B	D	D	D	D

23	24	25	26	27	28	29	30	31	32	33	34	35	36	37	38	39	40	41	42	43	
A	C	A	C	B	C	D	B	D	D	C	B	D	B	C	A	C	D	B	A	D	

测试题三 Microsoft Office

一、单项选择题

1. 在 Word 的表格操作中,当前插入点在表格中某行的最后一个单元格内,按回车键后,则( )。

A. 插入点所在的列加宽

B. 在插入点下一行增加一空表格行

C. 插入点所在的行加高

D. 对表格不起作用

2. 在 Word 中,对已输入的文档进行分栏操作,需要使用的功能区选项卡是( )。

A. 开始　　　　　　　B. 页面布局　　　　　　C. 插入　　　　　　D. 视图

3. Word 2010 文档的文件扩展名是( )。

A. docx　　　　　　　B. pptx　　　　　　　C. bmp　　　　　　D. txt

4. 在 Word 中,打开了 w1. docx 文档,把当前文档以 w2. docx 为名进行"另存为"操作,则( )。

A. 当前文档是 w1. docx 与 w2. docx

B. w1. docx 与 w2. docx 全被关闭

C. 当前文档是 w1. docx

D. 当前文档是 w2. docx

5. 在 Word 中,"保护文档"可以通过( )实现。

A. 按人员限制权限　　　　　　　　B. 其他三种都可以

C. 限制编辑　　　　　　　　　　　D. 用密码进行加密

6. 在 Word 中打开一个文档并修改,进行"关闭"文档操作后( )。

A. 弹出对话框,并询问是否保存对文档的修改

B. 文档被关闭,修改后的内容不能保存

C. 文档被关闭,并自动保存修改后的内容

D. 文档不能关闭,并提示出错

7. Word 文档当前处于打印预览状态,若要打印文件( )。

A. 只能在打印预览状态下打印

B. 在打印预览状态可以直接打印

C. 必须退出打印预览状态后才可以打印

D. 在打印预览状态不能打印

8. 每年的元旦,某信息公司要发大量的内容相同的信,只是信中的称呼不一样,为了不做重复的编辑工作、提高效率,可用 Word 的( )功能实现。

A. 样式　　　　　　　B. 复制　　　　　　　C. 粘贴　　　　　　D. 邮件合并

9. 在 Word 文档中,如果要把整篇文章选定,先将光标移动到文档左侧的选定栏,然后( )。

A. 双击鼠标键 B. 单击鼠标左键

C. 单击鼠标右键 D. 连续三击鼠标左键

10. 在 Word 中,选定文档的某行内容后,使用拖动鼠标的方法将其移动时,需配合的键盘操作是(   )。

A. 按住 Ctrl 键 B. 按住 Esc 键

C. 按住 Alt 键 D. 不按任何键,直接拖动选定内容

11. 如果要在一个篇幅很长的文档中快速搜索指定的文字,可以使用 Word 的(   )功能。

A. 查找 B. 编辑 C. 链接 D. 定位

12. 在 Word 中,下述关于分栏操作的说法,正确的是(   )。

A. 任何视图下均可看到分栏效果

B. 设置的各栏宽度和间距与页面宽度无关

C. 可以将指定的段落分成指定宽度的两栏

D. 栏与栏之间不可以设置分隔线

13. 在 Word 中,选定一个段落并设置段落的"首行缩进"为 1 厘米,则(   )。

A. 该段落的首行起始位置在段落"左缩进"位置的左边 1 厘米

B. 该段落的首行起始位置距段落"左缩进"位置的右边 1 厘米

C. 该段落的首行起始位置距页面的左边距为 1 厘米

D. 文档中各段落的首行只由"首行缩进"确定位置

14. 在 Word 中,对已经输入的文档设置首字下沉,需要使用的功能区选项卡是(   )。

A. 开始 B. 视图 C. 插入 D. 页面布局

15. 在 Word 中,要统计文档的字数,需要使用的菜单是(   )。

A. 审阅 B. 视图 C. 开始 D. 插入

16. 在 Word 中,"格式刷"按钮的作用是(   )。

A. 复制文本 B. 复制格式 C. 复制文本和格式 D. 复制图形

17. 在 Word 中,手动换行符可以通过(   )插入。

A. 插入分页符 B. 键入 Enter

C. 按 Shift+Enter D. 插入分节符

18. 在 Word 的"字体"格式对话框中,不可设定文字的(   )。

A. 删除线 B. 字间距 C. 字号 D. 行距

19. 在 Word 中,若想在"段落"对话框中设置行距为 20 磅,应当选择"行距"列表框中的(   )。

A. 固定值 B. 单倍行距 C. 多倍行距 D. 1.5 倍行距

20. 在 Office 中,SmartArt 图形不包含下面的(   )。

A. 循环图 B. 层次结构图 C. 流程图 D. 图表

21. 若 Word 在"页面设置"的"版式"选项卡中将页眉和页脚设置为奇偶页不同,则以下说法正确的是(   )。

A. 文档中所有奇偶页的页眉可以都不相同

B. 每个节的奇数页页眉和偶数页页眉可以不相同

C. 每个节中奇数页页眉和偶数页页眉必然不相同

D. 文档中所有奇偶页的页眉必然都不相同

22. 在 Word 中无法实现的操作是(　　　)。

A. 在页眉中插入分节符

B. 在页眉中插入剪贴画

C. 建立奇偶页内容不同的页眉

D. 在页眉中插入日期

23. Excel 中,单元格地址绝对引用的方法是(　　　)。

A. 在单元格地址前加"＄"

B. 在构成单元格地址的字母和数字之间加"＄"

C. 在单元格地址后加"＄"

D. 在构成单元格地址的字母和数字前分别加"＄"

24. 在 Excel 中,数值型数据其默认水平对齐方式为(　　　)。

A. 左对齐　　　　　　B. 两端对齐　　　　　C. 居中　　　　　　D. 右对齐

25. 在 Excel 工作表中,错误的单元格地址是(　　　)。

A. C＄66　　　　　　B. ＄C66　　　　　　C. C6＄6　　　　　　D. ＄C＄66

26. 默认情况下,Excel 新建工作簿的工作表数为(　　　)。

A. 3 个　　　　　　B. 1 个　　　　　　C. 255 个　　　　　　D. 64 个

27. 下面有关 Excel 的表述正确的是(　　　)。

A. 单元格区域不可以命名

B. 复制单元格和复制单元格中的内容操作是相同的

C. 在单元格中输入公式＝"1"＋"2"的结果一定显示数值 3

D. 单元格地址是指单元格在工作表中的位置

28. 一般情况下,Excel 默认的显示格式居中对齐的是(　　　)。

A. 逻辑型数据　　　　B. 数值型数据　　　　C. 不确定　　　　　D. 字符型数据

29. 下面关于工作表与工作簿的论述正确的是(　　　)。

A. 一张工作表保存在一个文件中

B. 一个工作簿保存在一个文件中

C. 一个工作簿的多张工作表类型相同,或同是数据表,或同是图表

D. 一个工作簿中一定有 3 张工作表

30. 在 Excel 中,创建公式的操作步骤是(　　　)。

①在编辑栏键入"＝"　　②按 Enter 键　　③键入公式　　④选择需要建立公式的单元格

A. ④①③②　　　　　B. ④③①②　　　　　C. ①②③④　　　　　D. ④①②③

31. 在 Excel 的活动单元格中,要将数字作为文本来输入,最简便的方法是先键入一个西文符号(　　　)后,再键入数字。

A. 等号"＝"　　　　B. 美元符号"＄"　　　C. 左圆括号"("　　　D. 单撇号"'"

32. 在 Excel 中,下面说法错误的是(　　　)。

A. 在同一工作簿文档窗口中可以建立多张工作表

B. 在同一工作表中可以为多个数据区域命名

C. Excel 应用程序可同时打开多个工作簿文档

D. Excel 新建立工作簿的缺省名为"文档 1"

33. 在 Excel 工作簿中,有关移动和复制工作表的说法,正确的是(　　　)。

A. 工作表只能在所在工作簿内复制,不能移动

B. 工作表可以移动到其他工作簿内,也可以复制到其他工作簿内

C. 工作表可以移动到其他工作簿内,不能复制到其他工作簿内

D. 工作表只能在所在工作簿内移动,不能复制

34. 在 Excel 中,下列(　　　)是输入正确的公式形式。

A. ＝＝sum(d1:d2)　　　B. ＞＝b2＊d3＋1　　　C. ＝'c7＋c1　　　D. ＝8^2

35. 在 Excel 数据清单中,如果我们只想显示满足条件的所有记录,则应使用(　　　)。

A. 条件格式　　　　　B. 筛选　　　　　　C. 邮件合并　　　　　D. 排序

36. 在 Excel 中,单元格地址是指(　　　)。

A. 每一个单元格的大小　　　　　　　　B. 每一个单元格

C. 单元格在工作表中的位置　　　　　　D. 单元格所在的工作表

37. 一般情况下,Excel 默认的显示格式左对齐的是(　　　)。

A. 数值型数据　　　　B. 字符型数据　　　C. 逻辑型数据　　　D. 不确定

38. 在 Excel 中,如果单元格中出现"♯DIV/0!"的信息,这表示(　　　)。

A. 单元格引用无效　　　　　　　　　　B. 结果太长,单元格容纳不下

C. 公式中出现被零除的现象　　　　　　D. 没有可用数值

39. 标识一个单元格的方法是(　　　)。

A. 行标＋数字　　　　B. 行标＋列标　　　C. 列标＋行标　　　D. 字母＋数字

40. 利用 Excel 的自定义序列功能定义新序列时,所输入的新序列各项之间用(　　　)来分隔。

A. 全角逗号　　　　　B. 半角逗号　　　　C. Enter 键　　　　　D. 空格符

41. 在 Excel 中输入分数时以混合形式"0＊/＊"方式输入,以免与(　　　)格式相混。

A. 货币　　　　　　　B. 数值　　　　　　C. 文本　　　　　　D. 日期

42. 退出 Excel 可使用组合键(　　　)。

A. Alt＋F5　　　　　B. Ctrl＋F5　　　　C. Ctrl＋F4　　　　D. Alt＋F4

43. 在 Excel 中,将单元格变为活动单元格的操作是(　　　)。

A. 用鼠标单击该单元格

B. 没必要,因为每一个单元格都是活动的

C. 在当前单元格内键入该目标单元格地址

D. 将鼠标指针指向该单元格

44. 已知 Excel 工作表中 A1 单元格和 B1 单元格的值分别为"电子科技大学""信息中心",要求在 C1 单元格显示"电子科技大学信息中心",则在 C1 单元格中应键入的正确公式为(　　　)。

A. ＝A1&B1　　　　　　　　　　　　B. "电子科技大学"＋"信息中心"

C. ＝A1＋B1　　　　　　　　　　　　D. ＝A1 $ B1

45. 在 Excel 中选取"自动筛选"命令后,在清单上的(   )出现了下拉式按钮图标。
   A. 空白单元格内　　　B. 所有单元格内　　　C. 字段名处　　　D. 底部

46. 以下不能选定全部工作表的操作是(   )。
   A. 按住 Ctrl 键的同时依次单击每张工作表标签
   B. 单击第一张工作表标签,按住 Ctrl 键,然后单击最后一张工作表标签
   C. 单击第一张工作表标签,按住 Shift 键,然后单击最后一张工作表标签
   D. 右键单击任何一张工作表标签,在弹出的快捷菜单中选择"选定全部工作表"命令

47. 在 Excel 的同一工作簿中,Sheet1 工作表中的 D3 单元格要引用 Sheet3 工作表中 F6 单元格中的数据,其引用表述为(   )。
   A. ＝Sheet3/F6　　　B. ＝Sheet3@F6　　　C. ＝Sheet3♯F6　　　D. ＝Sheet3！F6

48. 在 Excel 中,工作表窗口冻结包括(   )。
   A. 水平冻结　　　　　　　　　　　B. 其他三种都可以
   C. 水平、垂直同时冻结　　　　　　D. 垂直冻结

49. Excel 工作表中可以选择一个或一组单元格,其中活动单元格的数目是(   )。
   A. 一行单元格　　　　　　　　　　B. 一个单元格
   C. 一列单元格　　　　　　　　　　D. 等于被选中的单元格数目

50. 在 Excel 中,活动单元格的地址显示在(   )。
   A. 屏幕的右边　　　　　　　　　　B. 编辑栏左侧的名称框内
   C. 菜单栏内　　　　　　　　　　　D. 屏幕的下部

51. 使用 Excel 的筛选功能,是将(   )。
   A. 不满足条件的数据用另外一个工作表来保存起来
   B. 满足条件的记录显示出来,而删除掉不满足条件的数据
   C. 将满足条件的数据突出显示
   D. 不满足条件的记录暂时隐藏起来,只显示满足条件的数据

52. 下列序列中,不能直接利用自动填充快速输入的是(   )。
   A. 星期一、星期二、星期三……
   B. 甲、乙、丙……
   C. 第一类、第二类、第三类……
   D. Mon、Tue、Wed……

53. Excel 中,一个完整的函数包括(   )。
   A. "＝"、函数名和参数　　　　　　B. "＝"和参数
   C. 函数名和参数　　　　　　　　　D. "＝"和函数名

54. 在 Excel 中,执行"清除"命令,不能实现(   )。
   A. 清除单元格的批注　　　　　　　B. 移去单元格
   C. 清除单元格中的数据　　　　　　D. 清除单元格数据的格式

55. 在 A1 单元格中输入"大一",在 A2 单元格输入"大二",选定 A1：A2单元格,向下拖动填充柄至 A4 单元格,则(   )。
   A. 在 A3 和 A4 单元格没有内容显示
   B. 在 A3 和 A4 单元格都显示"大三"

C. 在 A3 单元格显示"大一",在 A4 单元格显示"大二"

D. 在 A3 单元格显示"大三",在 A4 单元格显示"大四"

56. 在 Excel 单元格内输入计算公式时,应在表达式前加一个(　　)。

A. 单撇号"'"　　　　B. 美元符号"＄"　　　C. 左圆括号"("　　　D. 等号"＝"

57. 在 Excel 分类汇总前,应进行的操作是(　　)。

A. 筛选　　　　　　　　　　　　B. 删除空行和空列

C. 隐藏不需要的内容　　　　　　　D. 排序

58. 在 Excel 中,在单元格中输入"2/5",则表示(　　)。

A. 0.4　　　　　B. 分数 2/5　　　　C. 2 除以 5　　　　D. 2 月 5 日

59. 在 Excel 工作表中可以进行智能填充时,鼠标的形状为(　　)。

A. 向右上方箭头　　　　　　　　B. 实心细十字

C. 空心粗十字　　　　　　　　　D. 向左上方箭头

60. 在 Excel 中,(　　)可以实现多字段的分类汇总。

A. 数据透视表　　　B. 数据分析　　　　C. 数据列表　　　　D. 数据地图

61. 在 Excel 中,若想将大批学生成绩中不及格的分数用醒目的方式表示(如用红色加粗表示等),可用(　　)。

A. 数据筛选　　　　B. 定位　　　　　C. 条件格式　　　　D. 查找

62. 在 Excel 中,输入日期:2002/8/10 时,单元格中默认显示的格式是(　　)。

A. 8/10/2002　　　B. 8-10-2002　　　C. 2002/8/10　　　D. 10-8-2002

63. 在 Excel 中,可以自动产生序列的数据是(　　)。

A. 第一季度　　　　B. A　　　　　　C. 1　　　　　　D. 一

64. 在 Excel 中,在单元格输入数据时,取消输入,按(　　)键。

A. Esc　　　　　　B. 回车　　　　　C. 左光标　　　　D. 右光标

65. 一般情况下,Excel 默认的显示格式右对齐的是(　　)。

A. 逻辑型数据　　　B. 不确定　　　　C. 数值型数据　　　D. 字符型数据

66. 在 Excel 工作表中,将 A1 单元格内日期数据"3 月 3 日",修改为数值型,应使用的对话框是(　　)。

A. 样式　　　　　　B. 设置单元格格式　　C. 自动套用格式　　D. 条件格式

67. Excel 默认的打印对象是(　　)。

A. 选定区域　　　　B. 打印区域　　　C. 整个工作簿　　　D. 选定工作表

68. 在 Excel 中,利用填充功能可以自动快速输入(　　)。

A. 文本数据　　　　　　　　　　B. 公式和函数

C. 数字数据　　　　　　　　　　D. 具有某种内在规律的数据

69. Excel 2010 工作簿的文件扩展名是(　　)。

A. xlsx　　　　　　B. dbf　　　　　C. txt　　　　　　D. xlt

70. 在 Excel 中,选定整个工作表的方法是(　　)。

A. 双击状态栏

B. 按下 Alt 键的同时双击第一个单元格

C. 右键单击任一单元格,从弹出的快捷菜单中选择"选定工作表"

D. 单击左上角的行列坐标的交叉点,或 Ctrl＋A

71. 在 Excel 中,当在某单元格内输入一个公式并确认后,单元格内容显示为"＃REF!",它表示(   )。

A. 某个参数错误   B. 单元格太小

C. 公式引用了无效的单元格   D. 公式被零除

72. 在 Excel 中,(   )可以输入文本类型的数字"0001"。

A. \\0001   B. "0001"   C. \0001   D. '0001

73. 以下对工作簿和工作表的理解,正确的是(   )。

A. 工作表的缺省文件名为 Book1,Book2……

B. 要保存工作表中的数据,必须将工作表以单独的文件名存盘

C. 保存了工作簿等于保存了其中所有的工作表

D. 一个工作簿最多可包含 16 张工作表

74. 在 Excel 的公式中,参数的前后必须成对出现圆括号,括号的(   )有空格。

A. 前后都不能   B. 前后可以   C. 后面不能   D. 前面不能

75. Excel 中,可使用(   )运算符来连接字符串。

A. $ B. ＃   C. ─   D. &

76. Excel 的单元格中输入一个公式,首先应键入(   )。

A. 感叹号"!"   B. 冒号":"   C. 等号"="   D. 分号";"

77. 在 Excel 中,正确选择多个连续工作表的步骤是(   )。

①按住 Shift 键不放   ②单击第一个工作表的标签   ③单击最后一个工作表的标签

A. ①③②   B. ②①③   C. ③②①   D. ①②③

78. 在 Excel 中,单元格区域 D2:E4 所包含的单元格个数是(   )。

A. 6   B. 5   C. 8   D. 7

79. 在 Excel 中,工作簿名称被放置在(   )。

A. 信息行   B. 工具栏   C. 标题栏   D. 标签行

80. 在 Excel 中,若在数值单元格中出现一连串的"＃＃＃"符号,希望正常显示则需要(   )。

A. 调整该单元格所在列宽   B. 重新输入数据

C. 删除该单元格   D. 删除这些符号

81. 在 Excel 工作表的 A1 单元格中输入"'3/3"并单击回车键,则单元格内容为(   )。

A. 3/3   B. 3.3   C. 1   D. 3 月 3 日

82. 下列操作中,不能在 Excel 2010 工作表的选定单元格中输入函数公式的是(   )。

A. 单击"插入"菜单中的"对象…"命令

B. 单击"编辑"栏中的"插入函数"按钮

C. 在"编辑"栏中输入等于(=)号,从栏左端的函数列表中选择所需函数

D. 单击"公式"菜单中的"插入函数"命令

83. 在 Excel 中,在下面的选项中,错误的是(   )。

A. Excel 不具有数据库管理能力

B. Excel 具有报表编辑、图表处理、连接及合并等能力

C. Excel 具有强大的数据分析功能

D. 在 Excel 中可以利用宏功能简化操作

84. 在 Excel 中,用键盘选择一个单元格区域的操作步骤是首先选择单元格区域左上角的单元格,然后再进行的操作是(　　　)。

A. 其他都不是

B. 按住 Ctrl 键并按向左和向右光标键,直到单元格区域右下角的单元格

C. 按住 Shift 键并按向下和向右光标键,直到单元格区域右下角的单元格

D. 按住 Ctrl 键并按向下和向右光标键,直到单元格区域右下角的单元格

85. 在 Excel 单元格 A1、A2、B1、B2 中分别有数据 1、2、3、4,在单元格 C5 中输入公式"=SUM(A1:B2)",则 C5 单元格中的数据为(　　　)。

A. 0　　　　　　　　B. 3　　　　　　　　C. 7　　　　　　　　D. 10

86. 在 Excel 中,在单元格中输入公式"=20<>SUM(7,9)",计算结果为(　　　)。

A. F　　　　　　　　B. FALSE　　　　　　C. TRUE　　　　　　D. T

87. Excel 中,在单元格中输入"=20<>AVERAGE(7,9)",将显示(　　　)。

A. FALSE　　　　　　B. YES　　　　　　　C. .T.　　　　　　　D. TRUE

88. Excel 中,在单元格中输入"=6+16+MIN(16,6)",将显示(　　　)。

A. 28　　　　　　　　B. 38　　　　　　　　C. 44　　　　　　　　D. 22

89. Excel 中,(　　　)函数不需要参数。

A. MONTH　　　　　　B. DAY　　　　　　　C. YEAR　　　　　　D. NOW

90. Excel 中,VLOOKUP 函数可从数据表格的(　　　)中查找含有特定值的字段,再返回同一行中某指定列对应单元格中的值。

A. 最末行　　　　　　B. 第一行(首行)　　C. 最右列　　　　　　D. 最左列

91. 在 Excel 中产生图表的源数据发生变化后,图表将(　　　)。

A. 发生改变,但与数据无关　　　　　　　B. 发生相应的改变

C. 被删除　　　　　　　　　　　　　　　D. 不会改变

92. 在 Excel 中,删除工作表中与图表链接的数据时,图表将(　　　)。

A. 不会发生变化　　　　　　　　　　　　B. 被删除

C. 自动删除相应的数据点　　　　　　　　D. 必须用编辑器删除相应的数据点

93. 在 Excel 的图表中,垂直 Y 轴通常用来作为(　　　)。

A. 数值轴　　　　　　B. 排序轴　　　　　　C. 分类轴　　　　　　D. 时间轴

94. 作为数据的一种表示形式,图表是动态的,当改变了其中(　　　)之后,Excel 会自动更新图表。

A. Y 轴上的数据　　　B. 标题的内容　　　　C. X 轴上的数据　　　D. 所依赖的数据

95. 在 Excel 的图表中,水平 X 轴通常用来作为(　　　)。

A. 分类轴　　　　　　B. 时间轴　　　　　　C. 排序轴　　　　　　D. 数值轴

96. 在 Excel 中,图表中的大多数图表项(　　　)。

A. 可被移动,但不能调整大小　　　　　　B. 不能被移动或调整大小

C. 可被移动或调整大小　　　　　　　　　D. 固定不动

97. PowerPoint 是(　　　)。

A. 电子表格软件   B. 演示文稿编辑软件

C. 数据库管理系统   D. 文字处理软件

98. PowerPoint 2010 演示文稿的文件扩展名是( )。

A. potx   B. dotx   C. pptx   D. ppsx

99. 在 PowerPoint 中,打开一个已有的演示文稿 P1. pptx,又进行了"新建"操作,则( )。

A. 新建文稿打开但被 P1. pptx 关闭

B. P1. pptx 被关闭

C. "新建"操作失败

D. P1. pptx 和新建文稿均处于打开状态

100. 在 PowerPoint 中,可以用鼠标拖动方法改变幻灯片的顺序是( )。

A. 幻灯片视图   B. 幻灯片浏览视图

C. 幻灯片放映   D. 备注页视图

101. 在 PowerPoint 中按功能键 F7 的功能是( )。

A. 打开文件   B. 样式检查   C. 拼写检查   D. 打开预览

102. 在 PowerPoint 中,幻灯片中占位符的作用是( )。

A. 限制插入对象的数量   B. 表示文本长度

C. 为文本、图形等内容预留位置,进行布局   D. 表示图形大小

103. 在 PowerPoint 中,对于已创建的演示文稿可以用( )命令转移到其他未安装 PowerPoint 的机器上放映。

A. 放映   B. 复制   C. 打包   D. 保存

104. 下列关于 PowerPoint 的表述正确的是( )。

A. 不可以将 Word 文稿制作为演示文稿

B. 幻灯片一旦制作完毕,就不能调整次序

C. 无法在浏览器中浏览 PowerPoint 文件

D. 打包的演示文稿文件在没有安装 PowerPoint 软件的计算机,可以播放

105. 在 PowerPoint 中,下列说法错误的是( )。

A. 图表中的元素不可以设置动画效果

B. 可以动态显示文本和对象

C. 可以设置幻灯片切换效果

D. 可以更改动画对象的出现顺序

106. 在 PowerPoint 中,对于不准备放映的幻灯片可以用( )中的"隐藏幻灯片"命令隐藏。

A. 幻灯片放映   B. 视图   C. 设计   D. 页面布局

107. 在幻灯片放映过程中,不能切换到下一张幻灯片的操作是( )。

A. 按 End 键   B. 按 Space 键   C. 按 PageDown 键   D. 按 Enter 键

108. PowerPoint 放映过程中,启动屏幕画笔的方法是( )。

A. Ctrl+左键单击   B. Shift+X   C. Alt+E   D. Esc

109. 在 PowerPoint 中,下列关于表格的说法错误的是( )。

A. 可以给表格添加边框

B. 可以向表格中插入新行和新列

C. 可以改变列宽和行高

D. 不能合并和拆分单元格

110. 在 PowerPoint 中,要实现幻灯片之间的跳转,可采用的方法是(　　　)。

A. 设置对象的动画效果　　　　　　　　B. 设置幻灯片切换效果

C. 设置幻灯片放映　　　　　　　　　　D. 设置超链接

111. 在 PowerPoint 中,若要为幻灯片中的对象设置"飞入"效果,应使用(　　　)。

A. 自定义放映　　　B. 幻灯片放映　　　C. 幻灯片版式　　　D. 动画

112. 在 PowerPoint 中,下列对象不可以设置链接的是(　　　)。

A. 剪贴画　　　　　B. 背景　　　　　　C. 文本　　　　　　D. 图形

113. 在 PowerPoint 中,动作按钮可以链接到(　　　)。

A. 其他文件　　　　B. 其他三种都可以　　C. 网址或 E-mail　　D. 其他幻灯片

114. 在 PowerPoint 中,安排幻灯片对象的布局可选择(　　　)来设置。

A. 幻灯片版式　　　B. 动画　　　　　　C. 模板　　　　　　D. 背景

二、单项选择题参考答案

1	2	3	4	5	6	7	8	9	10	11	12	13	14	15	16	17	18	19	20
C	B	A	D	B	A	B	D	D	D	A	C	B	C	A	B	C	D	A	D
21	22	23	24	25	26	27	28	29	30	31	32	33	34	35	36	37	38	39	40
B	A	D	D	C	A	D	A	B	A	D	D	B	D	B	C	B	C	C	C
41	42	43	44	45	46	47	48	49	50	51	52	53	54	55	56	57	58	59	60
D	D	A	A	C	B	D	B	B	B	D	C	C	B	C	D	D	D	B	A
61	62	63	64	65	66	67	68	69	70	71	72	73	74	75	76	77	78	79	80
C	C	D	A	C	B	D	D	A	D	C	D	C	A	D	C	B	A	C	A
81	82	83	84	85	86	87	88	89	90	91	92	93	94	95	96	97	98	99	100
A	A	A	C	D	C	D	A	D	D	B	C	A	D	A	C	B	C	D	B
101	102	103	104	105	106	107	108	109	110	111	112	113	114						
C	C	C	D	A	A	A	A	A	D	D	D	B	B	A					

测试题四　网络基础

一、单项选择题

1. 国际标准化(ISO)提出的 7 层网络模型是(　　)。
A. OSI　　　　　　　　B. ISO　　　　　　　　C. IP　　　　　　　　D. TCP/IP

2. ISP 是(　　)。
A. 因特网连接协议　　　　　　　　　　B. 因特网服务提供商
C. 超文本传输协议　　　　　　　　　　D. 文件传输协议

3. 就计算机网络按规模分类而言,下列说法规范的是(　　)。
A. 网络可分为局域网、广域网、城域网
B. 网络可分为光缆网、无线网、局域网
C. 网络可分为公用网、专用网、远程网
D. 网络可分为数字网、模拟网、通用网

4. "中国教育和科研计算机网"是指(　　)。
A. ChinaGBN　　　　B. CERNET　　　　C. CSTNET　　　　D. ChinaNET

5. 超文本的含义是(　　)。
A. 该文本中包含有图像　　　　　　　B. 该文本中包含有声音
C. 该文本中有链接到其他文本的链接点
D. 该文本中包含有二进制字符

6. 中国公用计算机互联网络,简称为(　　)。
A. CSTNET　　　　B. CerNET　　　　C. ChinaGBN　　　　D. ChinaNET

7. 计算机网络的主要目的是实现"资源共享"。计算机资源主要指计算机(　　)。
A. 服务器、工作站与软件　　　　　　B. 硬件、软件与数据
C. 软件与数据库　　　　　　　　　　D. 通信子网与资源子网

8. 因特网能提供的最基本服务有(　　)。
A. Newsgroup,Telnet,E-mail　　　　　B. Gopher,finger,WWW
C. Telnet,FTP,WAIS　　　　　　　　D. E-mail,WWW,FTP

9. WWW 是近几年来迅速崛起的一种服务方式,它是(　　)的缩写。
A. Wide World Web　　　　　　　　　B. World Wide Web
C. World Wide Window　　　　　　　　D. World Wide Wait

10. 计算机网络的目标是实现(　　)。
A. 资源共享与信息传输　　　　　　　B. 文献查询
C. 信息传输与数据处理　　　　　　　D. 数据处理

11. 缩写 WWW 页面所使用的语言是(　　)。
A. TCP/IP　　　　　B. HTML　　　　　C. WWW　　　　　D. HTTP

12. Web 上每一页都有一个独立的网址,这些网址被称作统一资源定位器,即(　　)。
A. WWW　　　　　　B. HTTP　　　　　C. USL　　　　　D. URL

13. 局域网的简称是（   ）。

A. WWW   B. MAN   C. WAN   D. LAN

14. 以下（   ）表示域名。

A. fox@online. in. cn   B. 168. 160. 220. 66

C. http：//www. dlptt. in. com

D. www. cctv. com

15. 域名系统（DNS，Domain Name System），其中 com 表示（   ）。

A. 教育机构   B. 国家代码   C. 商业机构   D. 政府部门

16. 目前世界上最大的计算机互联网是（   ）。

A. Internet   B. IBM 网   C. ARPAnet   D. Intranet

17. 根据计算机网络覆盖范围，可将计算机网络划分为局域网、城域网和（   ）。

A. Internet   B. 互联网   C. Intranet   D. 广域网

18. 从域名 www. fosu. edu. cn 可以看出它是（   ）。

A. 中国的一个军事部门的站点

B. 中国的一个教育机构的站点

C. 日本的一个政府组织的站点

D. 加拿大的一个商业组织的站点

19. 与 Web 站点和 Web 页面密切相关的一个概念是"统一资源定位符"，它的英文缩写是（   ）。

A. UPS   B. ULR   C. URL   D. USB

20. 万维网（World Wide Web，简称 WWW）信息服务是因特网上的一种最主要的服务形式，它是基于（   ）方式进行工作的。

A. 单机   B. 对称多处理器

C. 浏览器/服务器（Browser/Server）

D. 客户/服务器（Client/Server）

21. WWW 中的信息资源是以 Web 页为元素构成的，并采用（   ）方式组织这些 Web 资源。

A. 超链接   B. 命令   C. 无任何联系   D. 菜单

22. HTML 的名称是（   ）。

A. 主页制作语言   B. WWW 编程语言

C. 浏览器编程语言   D. 超文本标记语言

23. 下列（   ）是 HTTP 服务的 URL 的正确范例。

A. www：//www. cnic. ac. cn   B. http：//www. cnic. ac. cn

C. tcp/ip：www. cnic. ac. cn   D. http：www. cnic. ac. cn

24. 从 1993 年开始，人们通过（   ）在互联网上既可以看到文字，又可以看到图片，听到声音，使得网上的世界变得美丽多彩。

A. E-mail   B. Telnet   C. FTP   D. WWW

25. 域名系统（DNS，Domain Name System）中，其中 gov 表示（   ）。

A. 军事机构   B. 政府机构   C. 教育机构   D. 商业公司

26. Internet 的中文含义是(　　)。
A. 因特网/国际互联网 B. 局域网　　　　　C. 广域网　　　　　　D. 城域网
27. 以下关于 TCP/IP 的说法中,错误的是(　　)。
A. 包括传输控制协议和网际协议
B. 定义了网络之间进行数据通信共同遵守的各种规则
C. 是把大量网络和计算机有机地联系起来的一条纽带
D. 是一种用于上网的硬件设备
28. FTP 协议是一种用于(　　)的协议。
A. 提高网络传输速度　　　　　　　　　　B. 传输文件
C. 网络互联　　　　　　　　　　　　　　D. 提高计算机速度
29. 在 Outlook 的服务器设置中 POP3 协议是指(　　)。
A. 发送管理传输协议　　　　　　　　　　B. 邮件发送协议
C. 邮件接收协议　　　　　　　　　　　　D. 文件弹出协议
30. Internet(因特网)最基本的通信协议是(　　)。
A. IPX　　　　　　　B. TCP/IP　　　　　C. IP　　　　　　　　D. TCP
31. 匿名 FTP 服务的含义是(　　)。
A. 有账户的用户才能登录服务器
B. 免费提供 Internet 服务
C. 允许没有账户的用户登录服务器,并下载文件
D. 只能上传,不能下载
32. 互联网络服务基于某种通信协议才能实现,WWW 服务基于(　　)协议。
A. TELNET　　　　　B. HTTP　　　　　　C. SNMP　　　　　　D. SMIP
33. TCP/IP 是因特网的(　　)。
A. 通信协议　　　　　B. 一种功能　　　　C. 通信线路　　　　　D. 一种服务
34. 在 Outlook 的服务器设置中 SMTP 协议是指(　　)。
A. 发送管理传输协议　　　　　　　　　　B. 邮件发送协议
C. 邮件接收协议　　　　　　　　　　　　D. 文件弹出协议
35. Internet 提供的服务有很多,(　　)表示文件传输。
A. WWW　　　　　　B. FTP　　　　　　　C. BBS　　　　　　　D. E-mail
36. 上网的时候通常在浏览器的地址栏内输入"HTTP：//",其中 HTTP 的意思是
(　　)。
A. 超文本传输协议　　　　　　　　　　　B. 超文本标记语言
C. 多媒体网络　　　　　　　　　　　　　D. 网络信息提供商
37. 衡量网络上数据传输速率的单位是:每秒传送多少个二进制位,记为(　　)。
A. OSI　　　　　　　　　　　　　　　　　B. bps(bit per second 即比特每秒)
C. TCP/IP　　　　　　　　　　　　　　　D. MODEM
38. 电子邮件是 Internet 应用最广泛的服务项目,通常采用的传输协议是(　　)。
A. SMTP　　　　　　B. TCP/IP　　　　　C. IPX/SPX　　　　　D. CSMA/CD
39. 将数据从 FTP 服务器传输到本地客户机的过程称为(　　)。

A. 浏览   B. 上载   C. 下载   D. 邮寄

40. ( )协议用于将电子邮件交付给 Internet 上的邮件服务器。

A. ICMP   B. POP3   C. SMTP   D. PPP

41. 在 www.abc.com.cn 中 cn 代表的地区是( )。

A. 中国澳门   B. 中国台湾   C. 中国大陆   D. 中国香港

42. 下列各项中,非法的 IPv4 地址是( )。

A. 203.226.1.68   B. 203.113.7.15

C. 190.256.38.8   D. 126.96.2.6

43. 主机(Host)是指( )。

A. 在 Internet 以 TCP/IP 协议相连的任何计算机

B. 工作站级以上的计算机

C. 服务器   D. 主要的机器

44. IPv6 地址由( )位二进制数值组成。

A. 64   B. 8   C. 32   D. 128

45. IP 地址是一串很难记忆的数字,于是人们发明了( ),给主机赋予字母组合代表计算机的多级域名,并进行 IP 地址与域名之间的转换工作,方便访问网络资源。

A. 数据库系统   B. UNIX 系统

C. DNS 域名系统   D. WindowsNT 系统

46. 有 IPv4 地址"169.123.231.25",则可知该 IP 地址是属于( )地址。

A. B 类   B. D 类   C. A 类   D. C 类

47. 以下( )表示 IP 地址。

A. http://www.dlptt.in.com   B. www.cctv.com

C. fox@online.in.cn   D. 168.160.220.66

48. IPv4 地址由( )位二进制数值组成。

A. 4   B. 8   C. 16   D. 32

49. 连接因特网的每一台计算机都有唯一的( )。

A. E-mail 地址   B. 域名   C. 用户名和密码   D. IP 地址

50. 为解决某一特定问题而设计的指令序列称为( )。

A. 系统   B. 文档   C. 语言   D. 程序

51. 计算机的语言发展经历了三个阶段,它们是:( )语言阶段、( )语言阶段和( )语言阶段。

A. BASIC、F-BASIC、Q-BASIC   B. C、C++、C#

C. 机器、汇编、高级   D. 低级、中级、高级

52. 能将高级语言编写的程序转换成目标程序的是( )。

A. 编辑程序   B. 编译程序   C. 调试程序   D. 目标程序

53. 下列选择中,( )是一种高级语言。

A. Windows   B. Excel   C. Dos   D. C

54. 在计算机中,媒体是指( )。

A. 计算机的输入输出信息   B. 各种信息的编码

C. 计算机屏幕显示的信息

D. 表示传播信息的载体

55. 计算机病毒主要造成（　　）。

A. 磁盘驱动器的破坏

B. CPU 的破坏

C. 内存的损坏

D. 程序和数据的破坏

56. 计算机病毒可以使整个计算机瘫痪，危害极大。计算机病毒是（　　）。

A. 一条命令

B. 一段特殊的程序

C. 一种生物病毒

D. 一种芯片

57. 下列关于计算机病毒的说法，正确的是（　　）。

A. 有故障的计算机自己产生的、可以影响计算机正常运行的程序

B. 是患有传染病的操作者传染给计算机，影响计算机正常运行

C. 人为编制出来的特殊程序：干扰计算机正常工作、破坏计算机数据，可自我复制并传播

D. 是磁盘发霉后产生的一种会破坏计算机的微生物

58. 计算机病毒是一种（　　）。

A. 游戏软件

B. 特殊的计算机部件

C. 能传染的生物病毒

D. 人为编制的特殊程序

59. 基于互联网，许多计算机技术超群的专家，出于各种各样的原因和目的，在网上对其他主机进行非授权的攻击和破坏。他们往往被称作"黑客"，其中许多人越陷越深，走上了犯罪的道路，这说明（　　）。

A. 互联网上没有道德可言

B. 互联网无法控制非法活动

C. 互联网上可以放任自流

D. 在互联网上也需要进行道德教育

60. Internet 传统的主要服务功能有（　　）等 4 种。

A. E-mail、TCP/IP、WWW

B. E-mail、Netscape、WWW、FTP

C. E-mail、FTP、MPC、WWW

D. E-mail、FTP、TELNET、WWW

61. Internet（因特网）最基本的通信协议是（　　）。

A. TCP/IP

B. IP

C. TCP

D. IPX

62. 目前世界上最大的计算机互联网是（　　）。

A. ARPAnet

B. Intranet

C. IBM 网

D. Internet

63. 在 Internet 中，IP 地址是由（　　）。

A. 主机号和网络号组成

B. 国家地区号和网络号组成国家代码和城市代码组成

C. 国家代码和城市代码组成

D. 网络号和主机号组成

64. 当个人计算机以拨号方式接入 Internet 网时，必须使用的设备是（　　）。

A. 浏览器软件

B. 电话机

C. 网卡

D. 调制解调器（Modem）

65. 因特网上许多复杂网络和许多不同类型的计算机之间能够互相通信的基础是（　　　）。

A. X. 25　　　　　　B. ATM　　　　　　C. TCP/IP　　　　　D. Novell

66. Internet 提供的服务有很多，（　　　）表示文件传输。

A. FTP　　　　　　B. BBS　　　　　　C. WWW　　　　　D. E-mail

67. 接入 Internet 的主机既可以是信息资源及服务的使用者，也可以是信息资源及服务的（　　　）。

A. 多媒体信息　　　B. 信息　　　　　　C. 语音信息　　　　D. 提供者

68. 采用拨号方式上网时，从室外进来的电话线应当和（　　　）连接。

A. 计算机串口　　　　　　　　　　　　B. 调制解调器上标有 Phone 的接口

C. 计算机并口　　　　　　　　　　　　D. 调制解调器上标有 Line 的接口

69. 在 Internet 的基本服务中，文件传输使用的命令时（　　　）。

A. telnet　　　　　　B. http　　　　　　C. ping　　　　　　D. ftp

70. TCP/IP 是因特网的（　　　）。

A. 通信协议　　　　　B. 一种服务　　　　C. 通信线路　　　　D. 一种功能

71. 接入 Internet 的电脑必须装有（　　　）。

A. HTML　　　　　　B. 网络适配器/网卡　C. Word　　　　　　D. Excel

72. 连接因特网的每一台计算机都有唯一的（　　　）。

A. 用户名和密码　　　B. 域名　　　　　　C. E-mail 地址　　　D. IP 地址

73. 调制解调器（Modem）的主要功能为（　　　）。

A. 数字信号的放大　　　　　　　　　　B. 模拟信号的放大

C. 模拟信号与数字信号的转换　　　　　D. 数字信号的编码

74. 以下不属于 Internet（因特网）基本功能的是（　　　）。

A. 电子邮件　　　　　　　　　　　　　B. 远程登录

C. 文件传输　　　　　　　　　　　　　D. 实时监测控制

75. Internet 中域名与 IP 之间的转换是由（　　　）来完成的。

A. 域名服务器　　　　　　　　　　　　B. 代理服务器

C. Internet 服务商　　　　　　　　　　D. 用户计算机

76. 调制解调器（Modem）的作用是（　　　）。

A. 将模拟信号转换成计算机的数字信号，以便接收

B. 将计算机数字信号与模拟信号互相转换，以便传输

C. 将计算机的数字信号转换成为模拟信号，以便发送

D. 为了上网与接电话两不误

77. 目前，因特网上最主要的服务方式是（　　　）。

A. WWW　　　　　　B. FTP　　　　　　C. CHAT　　　　　D. E-mail

78. Internet Explorer 是目前流行的浏览器软件之一，它的主要功能之一是浏览（　　　）。

A. 网页文件　　　　　B. 多媒体文件　　　C. 文本文件　　　　D. 图像文件

79. IE 浏览器上工具栏"主页"链接到（　　　）。

A. 返回到上一次连接的主页

B. 每次启动 IE 时自动打开的页面地址；从 Web 的任一页直接返回到用户定义的主页上

C. 微软公司的主页   D. Netscape 的主页

80. 在 IE 浏览器中,如果要浏览刚刚看过的那一个 Web 页面,应该单击一下(   )按钮。

A. 前进   B. 停止   C. 刷新   D. 返回或后退

81. 一般的浏览器用(   )来区别访问过和未访问过的链接。

A. 不同的颜色   B. 不同的光标形状   C. 没有区别   D. 不同的字体

82. 在 Internet 上,访问 Web 信息时用的工具是浏览器。下列(   )就是目前常用的 Web 浏览器之一。

A. Yahoo   B. FrontPage
C. Outlook   D. Internet Explorer

83. 使用浏览器浏览网页时,如果遇到自己喜爱的网页,希望下次能够快速访问它们,一般可以(   )。

A. 将它复制自己的目录中   B. 将它收藏到收藏夹中
C. 将它保存到自己的目录中   D. 将它下载到自己的目录

84. 使用 IE 时,按下快捷键(   )可以刷新当前页。

A. F4   B. F5   C. ESC   D. F11

85. 下面(   )最适合在搜索引擎网站中,通过关键字串方式搜索相应的网站。

A. 动物   B. 金鱼   C. 生物   D. 植物

86. 使用浏览器浏览网页时,如果一个网页在下载过程中出了故障,可以按(   )按钮,也许能够成功。

A. 停止   B. 后退   C. 刷新   D. 前进

87. 用来帮助查询网上信息的站点被称作(   )。

A. 搜索引擎   B. 超级链接   C. 超级查询   D. 查询网页

88. 下列叙述中错误的是(   )。

A. 搜索引擎的作用是在因特网中主动搜索其他 WWW 服务器的信息

B. 使用搜索引擎之前不必知道搜索引擎站点的主机名

C. 搜索引擎是因特网上的一个 WWW 服务器

D. 用户可以利用搜索引擎提供的分类目录和查询功能查找所需要的信息

89. 在百度搜索关于"信息化设计方案"的 PowerPoint 专业文档时,以下输入搜索关键词的方法正确的是(   )。

A. 信息化设计方案 filetype:ppt   B. 信息化设计方案 filename:ppt
C. 信息化设计方案 file:ppt   D. 信息化设计方案 filetype:pps

90. 在浏览网页的过程中,为了方便再次访问某个感兴趣的网页,比较好的方法是(   )。

A. 将该页地址用笔抄写到笔记本上   B. 将该页加入收藏夹中
C. 为此页面建立地址簿   D. 为此页面建立浏览

91. 把数据从本地计算机传到远程主机上叫作(   )。

A. 上载/上传   B. 下载   C. 卸载   D. 超载

92. 发送电子邮件时,如果接收方没有开机,那么邮件将(   )。

A. 退回给发件人   B. 丢失
C. 保存在邮件服务器上   D. 开机时重新发送

93. 以下电子邮件客户端程序中,常用的国产软件是(　　　)。

A. Netscape Communicator　　　　　　　　B. Foxmail

C. Outlook　　　　　　　　　　　　　　D. Eudora Pro

94. 在上网发邮件时,一般需要进行以下操作:

①输入收件人地址　　②单击工具栏上的【写信】　　③编写邮件内容　　④点【发送】

通过以上操作发送邮件的正确顺序是(　　　)。

A. ④②①③　　　　　B. ①②③④　　　　　C. ③④②①　　　　　D. ②①③④

95. 从网络安全的角度来看,当你收到陌生电子邮件时,正确的处理方法是(　　　)。

A. 打开并查看内容　　　　　　　　　　B. 立即将其删除

C. 先用反病毒软件进行检测再做决定

D. 暂时存到本地,日后再打开

96. ABC@163.com 中的对@标记比较公认的原始说法是(　　　)。

A. 大象的鼻子　　　　　　　　　　　　B. 象形,食用蜗牛

C. 读音 at,意思为:在……　　　　　　　D. 重量或体积的单位

97. 小李很长时间没有上网了,他很担心他电子信箱中的邮件会被网管删除,但是实际上(　　　)。

A. 无论什么情况,网管始终不会删除信件

B. 网管会看过信件之后,再决定是否删除它们

C. 除非信箱被撑爆了,否则网管不会随意删除信件

D. 每过一段时间,网管会删除一次信件

98. 在 Outlook 的服务器设置中 POP3 协议是指(　　　)。

A. 发送管理传输协议　　　　　　　　　B. 文件传输协议

C. 邮件发送协议　　　　　　　　　　　D. 邮件接收协议

99. 下列叙述错误的是(　　　)。

A. 电子邮件是 Internet 提供的一项最基本的服务

B. 电子邮件可发送的信息只有文字和图像

C. 通过电子邮件,可向世界上任何一个角落的网上用户发送信息

D. 电子邮件具有快速、高效、方便、价廉等特点

100. (　　　)是正确的电子邮件地址。

A. foxmh. bit. edu. cn　　　　　　　　B. mh. bit. edu. cn@fox

C. fox＃mh. bit. edu. cn　　　　　　　D. fox@mh. bit. edu. cn

101. (　　　)协议用于将电子邮件交付给 Internet 上的邮件服务器。

A. ICMP　　　　　B. POP3　　　　　C. SMTP　　　　　D. PPP

102. 下列电子邮件地址正确的是(　　　)。

A. something@sina　　　　　　　　　B. mail:something@njupt. edu. cn

C. something@njupt. edu. cn　　　　　　D. something:ninpt. edu. cn

103. 电子邮件地址的一般格式为(　　　)。

A. 域名@IP 地址　　　　　　　　　　B. IP 地址@域名

C. 域名@用户名　　　　　　　　　　　D. 用户名@域名

104. 电子邮件是 Internet 应用最广泛的服务项目,通常采用的传输协议是(　　　)。

A. CSMA/CD　　　　　　B. SMTP　　　　　　C. TCP/IP　　　　　　D. IPX/SPX

105. 某主机的电子邮件地址为:oy@public. bat. net. cn,其中 oy 代表(　　　)。

A. 域名　　　　　　B. 主机名　　　　　　C. 网络地址　　　　　　D. 用户名

106. 使用 Outlook 可以收发电子邮件,当打开"新邮件"窗口时,在"收件人"文本框处,应输入收件人的(　　　)。

A. 姓名　　　　　　B. 单位名称　　　　　　C. 家庭地址　　　　　　D. 电子邮件地址

107. 因特网用户的电子邮件地址格式必须是(　　　)。

A. 邮件服务器域名@用户名　　　　　　B. 用户名@邮件服务器域名

C. 单位网络名@用户名　　　　　　D. 用户名@单位网络名

108. 电子邮件(E-mail)是因特网最主要和最常用的功能,下列关于电子邮件的描述,错误的是(　　　)。

A. 电子邮件系统遵循 C/S 模式

B. 可以发送包括文字和声音信息,但不能发送图像信息

C. 电子邮件是一种节省的通信手段,它的费用比传真和长途电话低很多

D. 电子邮件的传递速度非常快,可以做到及时传递

109. 电子邮件地址由两部分组成,即:用户名@(　　　)。

A. 文件名　　　　　　B. 匿名　　　　　　C. 设备名　　　　　　D. 域名

110. 电子邮件的特点之一是(　　　)。

A. 比邮政信函、电报、电话、传真都快

B. 只要在通信双方的计算机之间建立起直接的通信线路后,便可快速传递数字信息

C. 在通信双方的计算机都开机工作的情况下方可传递数字信息

D. 采用存储-转发方式在网络上逐步传递信息,不像电话那样直接、即时,但费用低

111. 通过 Outlook 发送邮件时,若想同时发给多个人,可以在两个地址之间用(　　　)符号隔开。

A. 逗号　　　　　　B. 圆点　　　　　　C. 引号　　　　　　D. 分号

112. 使用 Outlook 收发邮件时,在收件箱图标后跟有"(1)"标记,表示(　　　)。

A. 收件箱包含一封邮件　　　　　　B. 以上都不对

C. 收件箱中有一封邮件未读　　　　　　D. 收件箱中有一封邮件已读

113. 一般情况下,从中国往美国发一个电子邮件大约(　　　)内可以到达。

A. 一周　　　　　　B. 一分钟　　　　　　C. 一天　　　　　　D. 一小时

114. 在 Outlook 的服务器设置中 SMTP 协议是指(　　　)。

A. 文件传输协议　　　　　　B. 邮件接收协议

C. 发送管理传输协议　　　　　　D. 邮件发送协议

115. 不能作为电子邮件的附件发送的是(　　　)。

A. ZIP 格式的文件　　　　　　B. 文本　　　　　　C. 图片　　　　　　D. 文件夹

116. 在电子邮件的传递过程中,收件人如果不打开计算机,邮件就会(　　　)。

A. 存放在收件人的电子信箱里　　　　　　B. 被转发给别人

C. 丢失　　　　　　D. 被退还给发件人

117. 下列叙述中错误的是（　　）。

A. 发送电子邮件时，一次发送操作只能发送给一个接收者

B. 向对方发送电子邮件时，并不需要对方一定处于开机状态

C. 使用电子邮件的首要条件是拥有一个电子信箱

D. 收发电子邮件时，接收方无须了解对方的电子邮件地址就能发回函

118. 当一封电子邮件发出后，收件人由于种种原因一直没有开机接收邮件，那么该邮件将（　　）。

A. 重新发送　　　　　　　　　　B. 退回

C. 丢失　　　　　　　　　　D. 保存在服务商的 E-mail 服务器上

119. 以下电子邮件（E-mail）地址，格式正确的是（　　）。

A. 用户名@域名　　　　　　　　B. 用户名．域名

C. 用户名♯域名　　　　　　　　D. 用户名/域名

120. 下面叙述中正确的是（　　）。

A. 电子邮件只能传输文本和图片　　B. 电子邮件不能传输图片

C. 电子邮件可以传输文本、图片、视像、程序等　D. 电子邮件只能传输文本

121. Outlook 是一个（　　）软件。

A. 图形处理　　　B. 收发邮件　　　C. 聊天　　　D. 浏览

122. 以下 QQ 密码中，安全性最高的是（　　）。

A. ab＊12345678　　　　　　　　B. guangdong

C. guang123456　　　　　　　　D. GUANG2009dong

123. 在网上论坛中，以下哪个操作必须要先登录（　　）。

A. 发帖　　　B. 匿名灌水　　　C. 匿名回帖　　　D. 浏览帖子

二、单项选择题参考答案

1	2	3	4	5	6	7	8	9	10	11	12	13	14	15	16	17	18	19	20
A	B	A	B	C	D	B	D	B	A	B	D	D	D	C	A	D	B	C	C
21	22	23	24	25	26	27	28	29	30	31	32	33	34	35	36	37	38	39	40
A	D	B	D	B	A	D	C	B	A	B	A	B	A	B	A	B	A	C	C
41	42	43	44	45	46	47	48	49	50	51	52	53	54	55	56	57	58	59	60
C	C	A	D	C	A	D	D	D	D	C	B	D	D	D	B	C	D	D	D
61	62	63	64	65	66	67	68	69	70	71	72	73	74	75	76	77	78	79	80
A	D	D	D	C	A	D	B	D	A	B	D	C	D	A	B	A	A	B	D
81	82	83	84	85	86	87	88	89	90	91	92	93	94	95	96	97	98	99	100
A	D	B	B	B	C	A	B	A	B	A	C	B	D	C	C	A	D	B	D
101	102	103	104	105	106	107	108	109	110	111	112	113	114	115	116	117	118	119	120
C	C	D	C	D	D	B	B	D	D	D	C	B	D	B	A	A	D	A	C
121	122	123																	
B	A	A																	

参考文献

[1]冯大春 . 大学信息技术基础 . 北京:中国农业大学出版社,2017.

[2]前沿文化 . Windows 7 完全学习手册 . 北京:科学出版社,2011.

[3]李斌 . Excel 2010 应用大全 . 北京:机械工业出版社,2010.

[4]刘海燕,施教芳 . POWERPOINT 2010 从入门到精通 . 北京:中国铁道出版社,2011.

[5]陈秀峰 . Word 2010 中文版从入门到精通 . 北京:电子工业出版社,2010.

[6]张强,杨玉明 . Access 2010 中文版入门与实例教程 . 北京:电子工业出版社,2011.

[7]石玉强,闫大顺 . 数据库原理及应用 . 北京:中国水利水电出版社,2009.

[8]中国高等院校计算机基础教育改革课题研究组 . 中国高等院校计算机基础教育课程体系
   2014 . 北京:清华大学出版社,2014.